Word&Excel
ミニマムエッセンス
［改訂版］

考え抜く力を育む Word&Excel
for Microsoft 365

森際孝司 編
森際孝司／中谷 聡 共著

ムイスリ出版

まえがき

　Word や Excel が進歩を続けるように、ユーザーである私たちが身に付けるべき技術とそれを"かしこく"使うためのミニマムエッセンスにもステップアップが必要となってきました。

　Word では、ただ文書を入力することだけにとどまらず、わかりやすくていねいな報告書や、インパクトのあるポスターを作るテクニックなども要求されています。Excel では、単に計算結果が正確に出れば良いだけではなく、無駄のない効率的なシステムを考える力も必要とされています。

　経済産業省が次世代を担う若者に必要な力として「社会人基礎力」を提唱し続けています。そこでは、「前に踏み出す力（アクション）」、「考え抜く力（シンキング）」、「チームで働く力（チームワーク）」が大切であるとされ、高等教育機関にこれらを育む教育を要請しています。

　本書では、時代の要請に鑑み、単に最低限の技術を伝達するにとどまらず、それをベースに各自が応用し、解決策を自ら発見できる力を身に付けられるように構成しました。社会で Word や Excel を使うためのミニマムエッセンスを取り上げ、その説明に応じた例題を用意しました。実際に例題を解くことで、理解が実力となります。そして、それに対応した課題に挑戦することで、実力が活用力として成長します。

　これらの学習方法を通して、主体的に学び自ら課題を発見し柔軟に解決していく能力や、課題を解決するために状況を把握し、問題を整理して優先順位を付けて解決していく能力が身に付きます。

　本書が、これからの社会で活躍する人々にとって、Word や Excel の技術アップとともに、論理的に思考し、具体的な解決策を数多く見つけ出し、信頼される人としての仕事の流儀を身に付けてもらうきっかけになれば幸いです。そして、結果として"しあわせな"人生を手に入れていただく一助になればと願います。

　最後に、本の装丁を快く引き受けていただいたデザイナーの小柴優氏と、出版と改訂の機会をいただいたムイスリ出版株式会社の橋本豪夫氏に深く感謝します。

2021 年 7 月　　　　　　　　　　　　　　　　　　　　　　　　　　　　森際孝司

本文の表記について

① 特殊キーは囲み字で表し、必要なら（　）で読み方を記します。

例）　[Enter]（エンターキー）を押します。

（注）スペースキーは[Space]と表記します。

② 同時にキーを押す場合は「+」でつないであります。実際の操作は、先に書いてあるキーを押しながら、あとに書いてあるキーを押します。

例）　[Ctrl] + [Alt] + [Delete]

[Ctrl]（コントロールキー）と[Alt]（オルトキー）を押しながら[Delete]（デリートキー）を押します。

③ リボンのタブ、コンテキストタブ、コマンドボタンは［　］で表し、順番にコマンドをクリックして選択する場合は「−」でつなぎます。

例）　［レイアウト］−［表］−⊞（プロパティ）

④ ウィンドウやメニュー（ドロップダウンメニューやポップアップメニューなど）、ダイアログボックス、ダイアログボックス内の項目は「　」で表します。

例）　「ファイルを開く」ダイアログボックスの「ファイル名」ボックス

⑤ コマンドボタンやスタートはアイコンで示し、名前を（　）で表します。

例）　　　　　■（スタート）から⟨X⟩（Excel）

⑥ 本書で使用するファイル名は、「　」で表し、例題で使用するファイルは、拡張子を省略して記述しています。

本書で取りあげたソフトウェアとバージョン

OS	: Windows 10
日本語入力システム	: Microsoft 日本語 IME
ワープロソフト	: Word for Microsoft 365
表計算ソフト	: Excel for Microsoft 365

目　次

第 1 章　Word ……………………………………………………………………………… 1
-------------------------------- Word スタンダード編 --------------------------------

1.1　Word の基本知識 ……………………………………………………………………… 2

　　　1.1.1　Word の基本機能　　2

　　　1.1.2　Word の基本操作　　3

　　　1.1.3　Word アプリケーションウィンドウ各部の名称と機能　　3

　　　1.1.4　表示モード　　6

　　　1.1.5　オートコレクト　　6

1.2　文書の管理 ……………………………………………………………………………… 9

　　　1.2.1　文書の保存　　9

　　　1.2.2　保存した文書を開く　　11

1.3　文字の入力と変換 ……………………………………………………………………… 13

　　　1.3.1　日本語入力システム　　13

　　　1.3.2　タッチタイピング　　15

　　　1.3.3　日本語入力の基本操作　　15

　　　1.3.4　簡単な修正　　18

　　　1.3.5　記号の入力　　20

　　　1.3.6　読みがわからない漢字の入力　　23

　　　1.3.7　複文節変換と文節の区切り　　24

　　　1.3.8　編集記号の表示/非表示　　26

　　　1.3.9　ローマ字/かな対応表　　29

1.4　文書の編集 ……………………………………………………………………………… 31

　　　1.4.1　文字や行の選択　　31

　　　1.4.2　文字の配置　　32

　　　1.4.3　フォントやフォントサイズの変更　　33

　　　1.4.4　文字の書式の変更　　33

　　　1.4.5　文字の削除・移動・コピー　　38

　　　1.4.6　検索と置換　　40

　　　1.4.7　インデントとタブ、均等割り付け　　41

1.5　文書の印刷 ……………………………………………………………………………… 46

　　　　1.5.1　ページ設定　46

　　　　1.5.2　ヘッダーとフッター　47

　　　　1.5.3　印刷プレビューと印刷　49

　1.6　図の挿入 ……………………………………………………………53

　　　　1.6.1　オンライン画像の挿入　53

　　　　1.6.2　図形の挿入　55

　　　　1.6.3　テキストボックスの挿入　57

　　　　1.6.4　ワードアート　59

　1.7　表の作成と編集 ……………………………………………………64

　　　　1.7.1　表の挿入と文字入力　64

　　　　1.7.2　列の幅、行の高さの変更　65

　　　　1.7.3　行・列・セルの追加・削除　66

　　　　1.7.4　セルの結合と分割　68

　　　　1.7.5　表の罫線の変更　69

　　　　1.7.6　セル内の文字の位置と縦書き　70

　　　　1.7.7　表の配置　70

---------------------------- Word アドバンスト編 ----------------------------

　1.8　便利な編集機能の活用 ……………………………………………73

　　　　1.8.1　テンプレート　73

　　　　1.8.2　箇条書きと段落番号　74

　1.9　高度な編集機能の活用 ……………………………………………77

　　　　1.9.1　段落罫線とページ罫線　77

　　　　1.9.2　画像ファイルと SmartArt　78

　　　　1.9.3　図の高度な操作（トリミングと背景の除去）　81

---------------------------- Word ゼミナール編 ----------------------------

　1.10　スタンダード課題 …………………………………………………83

　　　　1.10.1　文書の管理と簡単な文字の入力　83

　　　　1.10.2　文字の入力と変換　83

　　　　1.10.3　文書の編集　84

　　　　1.10.4　文書の印刷　86

　　　　1.10.5　図の挿入　86

　　　　1.10.6　表の作成と編集　88

1.11　アドバンスト課題 ……………………………………………………90

　　　1.11.1　便利な編集機能の活用　　90

　　　1.11.2　高度な編集機能の活用　　91

第 2 章　Excel ……………………………………………………………93
-------------------------　Excel スタンダード編　-------------------------
2.1　Excel の基本知識 ………………………………………………………94

　　　2.1.1　Excel の基本機能　　94

　　　2.1.2　Excel の基本操作　　95

　　　2.1.3　Excel アプリケーションウィンドウ各部の名称と機能　　96

2.2　表の作成 ………………………………………………………………100

　　　2.2.1　セルの選択　　100

　　　2.2.2　ブックの保存と利用　　102

　　　2.2.3　数値と文字の入力　　103

　　　2.2.4　セル・行・列の操作（挿入・削除・移動・コピー）　　105

2.3　数式とセル書式 ………………………………………………………110

　　　2.3.1　数式の入力　　110

　　　2.3.2　列幅と行高の変更と行や列の非表示　　112

　　　2.3.3　フォントと文字の配置の変更　　115

　　　2.3.4　セルの値の表示形式　　118

　　　2.3.5　罫線とセルの塗りつぶし　　122

　　　2.3.6　簡単な条件付き書式　　123

2.4　関数と絶対参照 ………………………………………………………127

　　　2.4.1　関数の基本　　127

　　　2.4.2　絶対参照　　133

2.5　グラフ …………………………………………………………………137

　　　2.5.1　データ分析に適したグラフ　　137

　　　2.5.2　棒グラフ　　138

　　　2.5.3　グラフツール　　138

　　　2.5.4　折れ線グラフ　　140

　　　2.5.5　円グラフ　　140

2.6　印刷 ……………………………………………………………………144

　　　2.6.1　印刷プレビュー　144

　　　2.6.2　ヘッダーとフッター　144

　　　2.6.3　ページレイアウト　145

　　　2.6.4　印刷　147

------------------------ Excel アドバンスト編 ------------------------

　2.7　便利な関数の応用 …………………………………………………… 150

　　　2.7.1　日付／時刻　151

　　　2.7.2　文字列操作　156

　　　2.7.3　検索／行列　160

　　　2.7.4　論理　165

　　　2.7.5　統計　170

　　　2.7.6　数学　172

　2.8　ワークシート操作 …………………………………………………… 179

　　　2.8.1　シート見出しの変更とワークシートの挿入と削除　179

　　　2.8.2　ウィンドウ　181

　2.9　データベース機能 …………………………………………………… 184

　　　2.9.1　データの並べ替え　184

　　　2.9.2　フィルター　185

　　　2.9.3　ピボットテーブル　187

------------------------ Excel ゼミナール編 ------------------------

　2.10　スタンダード課題 …………………………………………………… 191

　　　2.10.1　表の作成に関する課題　191

　　　2.10.2　数式とセル書式に関する課題　192

　　　2.10.3　関数と絶対参照に関する課題　194

　　　2.10.4　グラフに関する課題　196

　　　2.10.5　印刷に関する課題　197

　　　2.10.6　総合演習　198

　2.11　アドバンスト課題 …………………………………………………… 201

　　　2.11.1　便利な関数の応用に関する課題　201

　　　2.11.2　ワークシート操作に関する課題　210

　　　2.11.3　データベース機能に関する課題　211

さくいん ……………………………………………………………………… 213

第 1 章　Word

　本章では、文字入力の基本から文書の作成・高度な編集作業を行います。文書作成には「Word for Microsoft 365」（ワード、以下 Word と略します）」を使用します。

　本章は、Word スタンダード編（1.1〜1.7 節）と Word アドバンスト編（1.8〜1.9 節）および Word ゼミナール編（1.10〜1.11 節）からなります。Word スタンダード編では、文字の入力から文書の作成や編集など基本的な文書作成技能をマスターします。Word アドバンスト編では、スタンダード編の応用にとどまらず、さまざまな Word の活用方法をマスターします。Word ゼミナール編では、身に付けた知識を活用して課題に取り組むことで応用力を養います。

1.1 Word の基本知識

《Word スタンダード編》

1.1 Word の基本知識
1.2 文書の管理
1.3 文字の入力と変換
1.4 文書の編集

Word は文書作成ソフトです。ビジネス文書やチラシ、ハガキなどよく利用する文書はもとより、ポスターや長編の論文などあらゆる文書の作成に対応したソフトです。現在も、世界で圧倒的なシェアを占めており、バージョンアップと細かな改良を重ねることで、高度な編集機能を備えてきました。

本節では、Word を使用する上で必要な基本的な知識や操作について説明します。

1.1.1 Word の基本機能

W	Wordの基本機能を理解しましょう。

Word は、文書を効率的に作成するワープロソフトとしての機能、図表や写真など文字以外のデータを活用して文書の視覚的効果を高める機能、論文など長文作成に便利な機能、企業や大学のゼミなど共同で文書の編集作業をする機能の 4 つに分類できます。

a.ワープロ機能

Word の中心となる機能です。キーボードを使い、英語、漢字、カタカナ、ひらがな、記号などあらゆる文字を入力することができます。また、入力した文字を修正したり、コピーや貼り付けなどの機能を使ったりすることで、文書を編集し印刷することができます。

b.図表機能

人間の受け取る情報の 80％を視覚情報が占めるといわれています。したがって、うまく図表を活用することで印象に残る文書を作成することができます。また、文字情報よりも視覚情報の方が長く記憶が残るともいわれており、図や表、画像などを効率よく使うスキルが現代では必要となっています。

c.長文作成機能

学生ならばレポートや論文、企業であれば報告書や企画書など、数ページから数百ページにおよぶ文書を作る機会があります。Word では、文書を作成するだけでなく、表紙や目次、文献リストの作成や脚注機能など長文の文書に必要な書式や機能が用意されています。Word の機能を利用することで効率の良い文書作成が可能となります。

d.共同編集機能

Word には、複数の人間とインターネット上でファイルを共有し、編集したり、電子データとして利用したりすることができます。オンラインを利用した編集方法も利用できます。

1.1.2　Word の基本操作

w　Wordの起動と終了について学びましょう。

　Word を利用開始するための操作を起動と呼びます。また、Word を終えるときの操作を終了と呼びます。これらは基本的な操作ですが、正しい操作をすることで、データの消失などのトラブルを防ぐことにも役立ちます。

(1)Word の起動

　ディスプレイ左下端の **⊞**（スタート）から **w**（Word）をクリックすると、Word が起動し、Word Backstage ビューが表示されます（図 1－1）。

図 1－1　Word Backstage ビュー

(2)Word の終了

　Word を終了するときは、タイトルバーの右端にある **✖**（閉じる）をクリックしてください。また[ファイル]－「閉じる」で Word を起動したまま、現在使用している文書のみを閉じることができます。Backstage ビューから文書編集画面に戻るときには、**←**（戻る）をクリックします。

　新規ファイルに文字を入力するなどの編集を行ってから Word を終了しようとすると、保存を確認するメッセージボックスが表示されます。保存の必要がなければ「保存しない」ボタンをクリックします。保存したい場合は「保存」ボタンをクリックすると、「このファイルの変更内容を保存しますか？」が表示されます。保存についての詳細は、1.2.1 項を参照してください。

1.1.3　Word アプリケーションウィンドウ各部の名称と機能

w　Wordアプリケーションウィンドウ各部の名称と機能を確認しましょう。

　Word を起動すると、Word アプリケーションウィンドウ（図 1－2）が表示されます。Word アプリケーションウィンドウの各部の名称と機能について説明します。

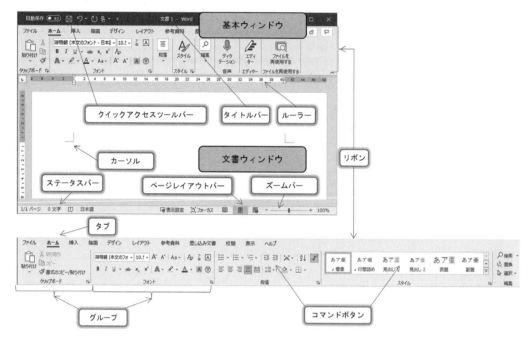

図1−2 Word アプリケーションウィンドウと各部の名称

(1)基本ウィンドウ

Word 基本ウィンドウには、文書作成や編集に関する機能が収められています。このウィンドウ内にはクイックアクセスツールバー、タイトルバー、リボン、ステータスバー、ページレイアウトバー、ズームバーなどがあります。

a.クイックアクセスツールバー

利用頻度の高い機能をまとめたものです。（上書き保存）、（元に戻す）、（繰り返し）などの機能が用意されています。このアイコンをクリックすると、リボンのコマンドボタンをクリックした場合と同じ作業が簡単に実行できます。また、（クイックアクセスツールバーのユーザー設定）を用いて登録したい機能を選択し、追加することができます。

b.ステータスバー

ウィンドウの最下部左端に表示される部分です。全ページ数と現在のページ位置、文字数などが表示されています。

c.ページレイアウトバー

画面表示方法を「閲覧モード」「印刷レイアウト」「Web レイアウト」の3つから切り替えることができます。

d.ズームバー

画面の表示倍率を 10〜500％で切り替えることができます。ズームバーのつまみをドラッ

グしたり、✚（拡大）や━（縮小）をクリックしたりすることで、文書を拡大（縮小）して表示することができます。

(2)文書ウィンドウ

文書ウィンドウは実際に文字の入力作業に使用するウィンドウです。文字が入力される「カーソル」、マウスに応じて動く「ポインタ」、画面の移動に使用する「スクロールバー」などがあります。

a.カーソル

文書内に点滅している黒い棒がカーソルです。この位置に文字が入力されます。

b.ポインタ

マウスの動きに合わせてポインタが移動します。リボンやタブのクリック、文字の選択などに使います。また、ポインタは操作によって形状が白い矢印やⅠ字型などに変化します。

c.スクロールバー

アプリケーションウィンドウの右および下に位置し、これにより文書ウィンドウを上下左右に移動できます。上下方向に移動させる垂直スクロールバーには、1行単位で上下移動するスクロール矢印があります。

d.スクロールボックス

スクロールバーの中にある四角形のボタンがスクロールボックスです。スクロールボックスをドラッグしたり、上下の余白をクリックしたりすると文書ウィンドウが移動します。

---

*C*olumn *1.1*　ミニツールバーの活用

文書ウィンドウ内で入力した文字をドラッグして選択すると、ミニツールバー（図1－3）が現れます。ミニツールバーを使うと、リボンを使う手間が省略できます。

図1－3　ミニツールバー

1.1.4　表示モード

W　**表示モードの種類と設定方法を理解しましょう。**

　Word では、「印刷レイアウトモード」がデフォルトとなっています。表示モードは 5 種類があります。表示モードの切り替えには、[表示]－[表示]グループ（図 1－4）を利用します。

a.印刷レイアウトモード

　文書をページ単位の印刷イメージで表示します。テキストや図表などの印刷時の配置を確認しながら、文書作成作業を行います。ページ番号や脚注、段組みなども表示されます。

b.閲覧モード

　完成した文書を確認するのに便利なモードです。リボンは非表示となり、(▶)（ページめくりボタン）で電子ブックのように文書を閲覧できます。閲覧モードを終了するには、[表示]－ ✎ （文書の編集）をクリックするか、 Esc を押します。

c.Web レイアウトモード

　Word で Web ページを作成するときに使用するモードです。しかし、WWW ブラウザでは表示されない Word の書式などがあるため、WWW ファイルの作成には専用のアプリケーションを使用することをお勧めします。

d.アウトラインモード

　文書に階層構造をもたせて作成することができます。また、見出しのみを表示してアウトラインに見やすく表示することができます。アウトラインモードでは、段組み、ページ区切り、ヘッダーやフッター、図などは表示されません。

e.下書きモード

　下書きモードでは、文字書式は標準のものとなり、図は非表示になります。本文の作業に集中しやすいモードです。

図 1－4　[表示]－[表示]グループ

1.1.5　オートコレクト

W　**Wordの校正機能を理解しましょう。**

　英語のスペルミスや、日本語の表現の誤りを Word が指摘する機能があります。これをオートコレクトと呼びます。自分では気づかないミスを指摘してくれる一方で、Word の指摘は不要と感じるときもあるでしょう。本項では、オートコレクト機能の使い方や設定の変更方法を説明します。

(1)スペルチェックと文章校正

a.赤の波線

英語のスペルミスや日本語の入力ミスを指摘します。赤の波線が表示されている文字列の上で右クリックをすると修正候補が表示されます。望ましい修正候補をクリックするか、「無視」を選択すると、赤の波線は消えます。

b.青の波線

日本語の文法の誤りを指摘しています。たとえば、「〜たり」という助詞は動作の並列や交互の動作を表します。そのため、文法的には複数回用いなければなりません。青の波線が表示されている文字列の上で右クリックをすると、文法的な注意を確認できます。

例　　　×：走ったり飛ぶ

　　　　　○：走ったり飛んだり

c.スペルチェックと文章校正機能

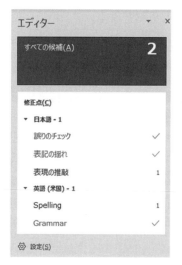

誤字のチェックや句読点の不統一のチェックを一斉に行う機能があります。[校閲]−[文章校正]−　（エディター）をクリックすると、「エディター」作業ウィンドウ（図1−5）が作業ウィンドウに表示されます。文章を修正するか、「1回無視」を選択すると、次の文字列のチェックに移動し、文書全体にわたる校正を行います。

図1−5　「エディター」作業ウィンドウ

(2)オートコレクト機能の設定

文章を入力するときに Word が自動的に修正する機能をオートコレクトと呼びます。デフォルトではオートコレクト機能が ON になっています。場合によってはこの機能を停止しておきたいこともあります。ここではオートコレクト機能の設定方法を紹介します。

オートコレクト機能の設定は、[ファイル]−[オプション]をクリックして表示される「Word のオプション」ダイアログボックス（図1−6）の「文章校正」を利用して行います。

ダイアログボックス内の「オートコレクトのオプション」ボタンをクリックすると、「オートコレクト」ダイアログボックス（図1−7）が表示されます。[オートコレクト]タブでは、英字入力に対しての校正機能の設定が変更できます。[数式オートコレクト]タブでは数式に関わる校正機能が、[入力オートフォーマット]タブでは箇条書きや頭語結語の対応などの校正機能が、[オートフォーマット]タブでは記号や日本語入力に関する校正機能の設定を変更すること

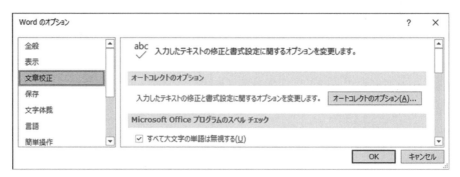

図1−6 「Wordのオプション」ダイアログボックス（文章校正）

ができます。オートコレクト機能を停止したいときは、「オートコレクト」ダイアログボックスの「オートコレクト」「入力オートフォーマット」タブのチェックボックスのチェックをすべて外しておきます。

図1−7 「オートコレクト」ダイアログボックス

C_{olumn} *1.2* Word で作業を始める前の4つのチェックポイント

Word で高度な文章を作成していくために、最初に以下の設定を確認しましょう。
①オートコレクト機能の停止（1.1.5(2)参照）
②編集記号の表示（1.3.8(1)参照）
③ルーラーの表示（1.4.7(1)参照）
④ページ設定を「標準の文字数を使う」に設定（1.5.1(4)参照）

《Word スタンダード編》

1.1 Word の基本知識
1.2 文書の管理
1.3 文字の入力と変換
1.4 文書の編集

1.2 文書の管理

　本節では、文書の管理や整理の方法について説明します。Word で作成する文書は「文書ファイル」として保存し、持ち運ぶことができます。また、文書管理についての知識があると、ファイルを誤って削除するなどの取り返しのつかないミスを防ぐことができます。

1.2.1　文書の保存

> **W**　文書の保存方法を理解しましょう。

　作成した文書は保存をすることで記憶媒体に記録されます。作成した文書を残しておきたい、あるいは作業の続きを行いたいという場合には、文書の保存機能を利用します。文書の保存とは、作成した文書に適切なファイル名を付け、電子ファイルとして保存することを指します。また、インターネット上の保存領域として OneDrive を選択することもできます。Microsoft の登録（アカウント）が必要ですが、物理的にデータを持ち運ぶ必要がありません。また、ファイルを保存する場所や階層構造についても理解しておくと、ファイルを目的別や時系列などに分類して整理することができます。

(1)文書の保存の 2 つの方法

　Word を起動すると、「文書 1」というファイルが開きます。このような仮のファイル名から、文書の内容を推測することは難しいでしょう。そこで、最初にファイルを保存するときに、ユーザーがふさわしいファイル名を登録します。これを「名前を付けて保存」と呼びます。

　また、すでに名前が付けられた文書ファイルに修正や追加などの編集作業を行う場合もあります。「上書き保存」と呼ばれる機能を用いると、元のファイルを編集後の新しいファイルで置き換えます。

(2)保存の操作方法
a.名前を付けて保存

　　はじめて文書を保存する場合は、[ファイル]−[名前を付けて保存]を選び、「名前を付けて保存」Backstage ビューを開きます。保存先として、ネット上の保存領域を使用するときは OneDrive を、使用しているパソコンに保存するときは「この PC」を選びます。コンピューター内の下の階層を選ぶときは「参照」をクリックして表示される「名前を付けて保存」ダイアログボックス（図 1−8）から保存先を選択します。

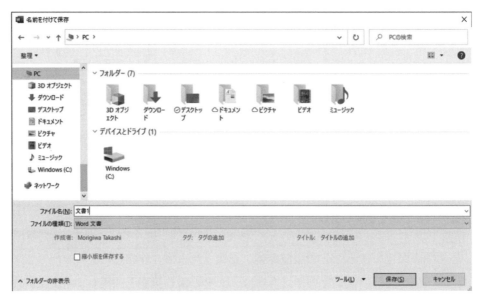

図 1−8 「名前を付けて保存」ダイアログボックス

保存には、ファイル名を入力し、ファイルの種類（表 1−1 参照）を選択し、「保存」ボタンをクリックします。すると、保存先に新しいファイルが追加され、タイトルバーに保存したファイル名が表示されます。

表 1−1 代表的なファイルの種類

ファイルの種類	拡張子	内容
Word 文書	*.docx	Word2007 以降の標準的なファイル形式
Word97-2003 文書	*.doc	Word2003 以前のファイル形式
PDF	*.pdf	パソコン環境に依存しないファイル形式。閲覧ソフトが必要
書式なし	*.txt	書式の情報が一切ない、文字だけのファイル形式

ファイル名は、「名前を付けて保存」ダイアログボックスの「ファイル名」テキストボックスで自由に変更することができます。また、ファイル名を後で変更することも可能です。ファイル名には、英数字・かな・カナ・漢字やスペースを使用することができます。ただし、半角記号の「¥」と「/」はファイル名に使用できません。

b.上書き保存

保存したファイルを用いて編集を再開し、同じ名前で編集後の作業を保存したい場合には、上書き保存を選択します。上書き保存は、[ファイル]−[上書き保存]をクリックするか、クイックアクセスツールバーの［💾］（上書き保存）をクリックします。

C*olumn* **1.3** ファイル名の付け方のコツ

　ファイル名は自由に設定することができます。しかし、規則性や一貫性のないファイル名では、管理が大変です。
　そこで、「ファイル名＋日時」や「ファイル名＋番号」のように、ファイル名に日付やバージョンを入力してファイルを見わける方法が一般的に用いられています。

1.2.2　保存した文書を開く

W 　文書を再利用する方法を理解しましょう。

　[ファイル]－[開く]をクリックして表示される「開く」Backstage ビューでは、🕐（最近使ったアイテム）が表示されます。利用したい文書ファイルがこのリストにある場合は、それをクリックしてください。

　他の保存場所にある文書ファイルを利用したい場合は、🖥（この PC）をダブルクリックしてください。すると、「ファイルを開く」ダイアログボックス（図 1−9）が表示され、ドライブやフォルダを変更して保存されている文書ファイルを探すことができます。目的の文書が見つかったら、そのファイル名を選択して「開く」ボタンをクリックしてください。

図 1−9　「ファイルを開く」ダイアログボックス

【例題 1.2.2：あいうえお】
　　　新しい文書ウィンドウを用意して、次の文字や数値（図 1−10）を入力しましょう。
　　　作成した文書は、「あいうえお」というファイル名で保存しましょう。

＜操作手順＞
（Word の起動と文字の入力）
① ⊞（スタート）から **W**（Word）をクリックして Word を
　起動し、Word Backstage ビューの「白紙の文書」をクリック
　して文書ウィンドウを開きます。

あいうえお↵
１２３４５↵

図 1−10　文書管理の練習

②A I U E Oを順に押します。文書ウィンドウには「あいうえお」と入力され、文字の下には点線が引かれています。

③Enterを押します。これは日本語入力作業の確定（1.3.3項参照）にあたります。文字の下の点線が消えます。

（名前を付けて保存と Word の終了）

④[ファイル]－[名前を付けて保存]をクリックします。すると「名前を付けて保存」Backstage ビューが表示されます。

⑤この中の 📺 （この PC）をダブルクリックして「名前を付けて保存」ダイアログボックスを開き、「ドキュメント」や「リムーバブルディスク」など任意の保存先を選択します。

⑥「ファイルの種類」が「Word 文書」、「ファイル名」が「あいうえお」となっているのを確認して「保存」ボタンをクリックします。文書ウィンドウに戻り、タイトルバーにファイル名の「あいうえお」が表示されます。

⑦タイトルバーの右端にある ✖ （閉じる）をクリックして Word を終了しましょう。

（Word の起動と数値の入力）

⑧Word を起動し「最近使ったアイテムファイル」Backstage ビューを表示します。「最近使ったアイテムに表示される「あいうえお」ファイルをクリックします。

⑨文書ウィンドウの「あいうえお」の「お」の後ろにカーソルを移動し、Enterを押します。これは改行を意味し、カーソルが2行目の先頭に移動します。

⑩ファンクションキーの下にある1 2 3 4 5を順に押し、Enterを押します。文書ウィンドウでは、2行目に「１２３４５」が入力されます。

（上書き保存と Word の終了）

⑪[ファイル]－[上書き保存]、または 💾 （上書き保存）をクリックします。今度は、ダイアログボックスも表示されず、そのまま同じファイル名で保存が行われます。

⑫タイトルバーの右端にある ✖ （閉じる）をクリックして Word を終了しましょう。

⑬もう一度この文書ファイルを開いて、1行目に「あいうえお」、2行目に「１２３４５」が入力されているか確認します。確認が完了したら、Word を終了しましょう。

Seminar1.1 1.10 節のスタンダード課題で、課題 1.10.1 を作成しましょう。

1.3 文字の入力と変換

《Word スタンダード編》

1.1 Word の基本知識
1.2 文書の管理
1.3 文字の入力と変換
1.4 文書の編集

　本節では、文字の入力方法と変換について説明します。文書を作成するにあたって文字入力は必要不可欠な作業です。ここでは、ひらがな、カタカナ、漢字、英数字などの基本的な文字の入力方法を紹介します。また、記号や読み方を知らない漢字などの入力方法についても紹介します。

1.3.1　日本語入力システム

W　日本語入力システムの概要について学びましょう。

　スマートフォンやタブレットの普及により、キーボード以外の文字入力の方法が増えてきました。しかし、入力のスピード、正確性においてキーボードはやはり優れています。ここでは、一番効率のよい文字入力の方法として、ローマ字入力を紹介します。また、キーボードにはない記号や、読み方がわからない漢字や記号を入力することもできます。Windows で採用されている日本語入力システム IME が、さまざまな方法で文字入力をサポートしてくれます。

(1)IME の ON と OFF

　ひらがなや全角カタカナ、漢字などの日本語を入力するには IME を ON にします。英文や半角数字を入力するには IME を OFF にします。IME の ON と OFF の切り替えはキーボードの ［半角/全角］ で行います。

図 1−11　IME の状態

　IME が ON の状態では、タスクバーの右にある IME の状態（図 1−11）で「入力モード」が **あ** と表示されます。［半角/全角］を押すと、IME が OFF になり、「入力モード」が **A** に変わります。

(2)入力モードの切り替え

　入力モードには、「ひらがな」、「全角カタカナ」、「全角英数字」、「半角カタカナ」、「半角英数字／直接入力」の５つがあります。入力モードの切り替えは、IME オプションで選択することもできます（図 1−12）。

(3)日本語入力の仕組み

　日本語の入力は、ローマ字でひらがなや漢字、カタカナや記号の「読み」を入力し、必要に応じて「変換」し、その文字を最終的に「確定」させる作業の繰り返しです。

　「読み」を入力した文字を変換するには、 [Space] を使います。入力したい変換候補が表示されるまで [Space] を繰り返し押します。この段階では文字の入力は確定しておらず、最後に、変換した文字を決定する操作が必要です。確定操作に使うキーは [Enter] です。また、ファンクションキーを使った変換操作もあります。これらについては1.3.3項で説明します。

(4)IME の設定変更

　IME の設定状況は、IME オプションの「設定」（図1−13）で確認できます。この画面で、入力方法の「ローマ字入力」と「かな入力」を切り替えたり、句点読点を「、」「。」から「,」「.」に変更したりできます。

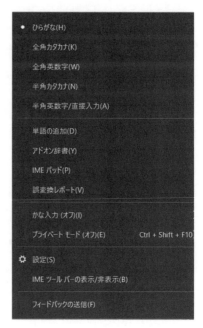

図1−12　IME オプション

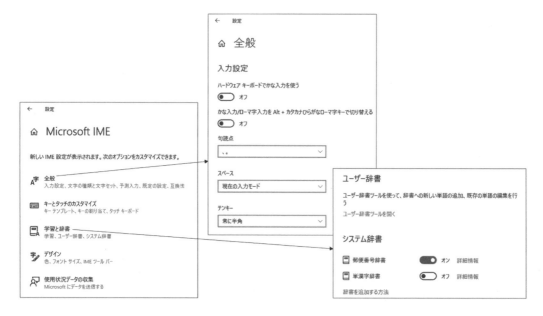

図1−13　Microsoft IME の設定

1.3.2　タッチタイピング

> **W** | キーを速く正確に打つ練習をしよう。

　効率の良い文字入力の方法として、ローマ字入力を紹介しました。次に必要となるのは、キーを正確に素早くタイプすることです。手元を見ずに文字を入力するタッチタイピングを習得しましょう。

(1)タッチタイピング

　キーボード上に記された文字に頼らずに、指先の感覚だけで入力することをタッチタイピングと呼びます。タッチタイピングは一般的に入力のスピードが上がること、視点をモニタに固定することで、疲労が軽減されることがメリットとされています。今日では、タッチタイピングを学習するのに有料・無料を問わずさまざまなソフトが利用できます。また、オンライン上でタッチタイピングの練習ができるサイトなども利用できます。

(2)ホームポジション

　キーボードは一般的に F と J のキーに小さな突起があります。ここに両手の人差し指を置き、残りの指を自然にキーに配置したものをホームポジション（表1−2）と呼びます。親指は Space に置き、変換の操作を担当します。指の伸ばし縮みで上下の段のキーをそれぞれ入力し、入力を終えたらホームポジションに戻します。

表1−2　ホームポジション

左手	指	右手
F	人差し指	J
D	中指	K
S	薬指	L
A	小指	;
Space	親指	Space

1.3.3　日本語入力の基本操作

> **W** | 日本語入力の基本的な操作を学び、さまざまな文字を入力してみましょう。

　日本語入力は、「読みの入力 → 変換（漢字・カタカナなど）→ 確定」の繰り返しです。本項では読みと表記が同じひらがなの入力について説明し、次にその他の変換方法について説明します。

表1−3 ひらがなの入力例

キーの入力		表示
A I U E O	→	あいうえお
T I D I M I	→	ちぢみ
C H U U S I	→	ちゅうし
K A K K O	→	かっこ
T A N N I	→	たんい

(1)ひらがなの入力

　ひらがなの入力は、読みをローマ字に置き換

えて入力します。キーボード上にあるひらがなは「かな入力」に使用するもので、ここでは使いません。通常、Word では「ローマ字入力」となっています。何らかの拍子に「ローマ字入力」から「かな入力」に切り替わった場合は、IME オプションで「かな入力」を「オフ」にしましょう。また、ヘボン式と呼ばれる正確なローマ字でなくても、文字を省略して入力を速くできる綴りもあるので、「ローマ字／かな対応表」（1.3.9 項参照）で確認してください。

(2)数字の入力

　全角の数字は、キーボードの数字キーを押すと入力することができます。半角の数字は、キーボード右側のテンキーで入力することができます。全角数字を [Space] で変換することで、半角数字に変換することもできますし、[F8] もしくは [F10] を押すことで半角数字に変換することもできます。ただし、最初から半角数字を入力するのであれば、あらかじめ IME を OFF にしておけば確定の操作は不要です。

表1−4　数字入力の例

キーの入力	表示	変換操作	表示
[1] [2] [3] [4] [5]	一般キー	なし	１２３４５
		[F8] ／ [F10]	12345
	テンキー	なし	12345

(3)カタカナの入力

　カタカナを入力する方法として、①ひらがなで入力して [Space] で全角カタカナに変換する、②ひらがなで入力して [F7] を押して全角カタカナに変換する、③ひらがなで入力して [F8] を押して半角カタカナに変換する方法があります。また、あらかじめ入力モードを全角／半角カタカナに切り替えておき、カタカナを入力する方法もあります。

表1−5　カタカナ変換の例

キーの入力		表示	変換操作	表示
[J] [A] [N] [P] [U]	→	じゃんぷ	[F7]	ジャンプ
			[F8]	ｼﾞｬﾝﾌﾟ
[C] [H] [E] [K] [K] [U] [I] [N] [N]	→	ちぇっくいん	[F7]	チェックイン
			[F8]	ﾁｪｯｸｲﾝ

注：「ん」は、子音の前のみ n を 1 回押すだけで入力することができます。母音の前、あるいは文末の場合では、nn あるいは n' と入力します。

(4)英字入力と変換

英字を入力する方法として、①ひらがな入力モードのまま英字を入力して Space で変換する、②ひらがなで入力して F9 を押して全角英字に変換する、③ひらがなで入力して F10 を押して半角英字に変換する方法があります。また、 F9 F10 を複数回押すと、先頭だけ大文字、すべて大文字、すべて小文字と切り替えることができます。また、英文を入力する場合は、IME を OFF にしておき、半角英数モードで英字を入力する方法が効率的です。そのとき、 Shift を押しながらその文字キーを押すことで、大文字が入力できます。

表 1−6　英字変換の例

キーの入力		表示	変換操作	表示
W O R D	→	をrd		w o r d
			F9	WORD
				W o r d
				word
			F10	WORD
				Word

(5)ひらがなの入力

ひらがなモードで入力し、 Enter で確定します。しかし、別の入力モード（半角英数モードは除く）を使用しているときに、一部だけひらがなを入力したいときには、読みを入力して F6 を押すことでひらがなに変換することができます。

(6)漢字変換

漢字の入力は、漢字の読みをひらがなで入力し、変換することで行います。漢字には同音異義語があり、変換候補が複数ある中から適切な候補を選ぶことになります。

漢字の変換は、読みを入力し、 Space で変換します。

図 1−14　同音異義語の漢字変換例

Space を押して表示される候補でよければ Enter で確定します。入力したい候補がなければ、さらに Space を押して候補を表示させます。変換候補の中に辞書マーク（図 1−14）があるものは、言葉の意味が別枠で表示されるので変換候補を探す手がかりとなります。

また、漢字を単語として入力するのではなく、漢字かな混じりの文を入力する際に、変換操作を行うことがあります。そのときには、文節で区切ることが必要になります。この方法については 1.3.7 項で解説します。

1.3.4 簡単な修正

> W　文字の削除と挿入、再変換の仕方を学習しましょう。

　文書を入力するとき、入力ミスや誤った変換をしてしまうことがあります。Word では、間違った入力を簡単に修正することができます。ここでは、文字の削除と挿入、誤って確定した文字の再変換について紹介します。

(1)削除

　削除は [Delete] もしくは [BackSpace] で行います。[Delete] はカーソルの右側の文字を、[BackSpace] では左側の文字を1文字ずつ削除することができます。

(2)挿入

　文字を挿入したい箇所にカーソルを置くと、そこから文字入力を始めることができます。

(3)再変換

　文字の変換を確定するとき、誤った変換候補で確定してしまうことがあります。このような場合でも、その誤って変換した文字列を選択し [Space] を押すと変換候補が表示され、正しい文字に修正できます。

【例題 1.3.4：文字入力問題】

　　　IME を ON にした状態で次の文字を入力しましょう。完成したらファイル名を「文字入力問題」として保存しましょう。

```
つづく　にゅうりょく　あんい　こんにちは
コップ　ショッピング　パーティー　ウィーン
LOVE　Good　Computer　Communication
思考　施行　志向　至高
図工　地震　交渉　単位
```

図1−15　文字入力問題

＜操作手順＞

（ひらがなの入力）

①[T][U][D][U][K][U] のキーを押し、[Enter] で確定します。

②1文字分スペースを空けます。IME では、[Space] がスペースキーです。

③以降、「こんにちは」まで同様の方法で入力します。入力に使用するキーがわからない場合は、「ローマ字／かな対応表」（1.3.9項）を参照してください。

④ひらがなの入力が終われば、 Enter(改行) を押して改行します。

（全角カタカナの入力）

⑤全角カタカナは、ひらがなで一度入力した後、 F7 を押して変換します。 K Q P P U のキーを押すと、文書ウィンドウには「こっぷ」と表示されます。その状態で F7 を押し、「コップ」と表示されれば Enter で確定します。

⑥スペースを1文字分空けた後、「ショッピング」も同様の方法で入力できます。「ショッピング」の入力を終えたら、スペースを1文字分空けます。

（半角カタカナの入力）

⑦半角カタカナは、ひらがなで一度入力した後、 F8 を押して変換します。 P A T H I － のキーを押すと、文書ウィンドウには「ぱーてぃー」と表示されます。その状態で F8 を押し、「ﾊﾟｰﾃｨｰ」と表示されれば Enter で確定します。

⑧「ｳｨｰﾝ」も同様の方法で入力できます。半角カタカナの入力を終えたら、 Enter(改行) を押して改行します。

（全角英字の入力）

⑨全角英字は、ひらがなで一度入力した後、 F9 を押して変換します。 L O V E のキーを押すと、文書ウィンドウには「ぉヴぇ」と表示されます。この状態で F9 を数回押し、「ＬＯＶＥ」と表示されれば、 Enter で確定します。

⑩スペースを1字分空けた後、「Ｇｏｏｄ」も同様の方法で入力します。先頭だけ大文字であることに注意して、入力を終えたら、スペースを1文字分空けます。

（半角英字の入力）

⑪半角英字は、ひらがなで一度入力した後、 F10 を押して変換します。 C O M P U T E R のキーを押すと、文書ウィンドウには「こmぷてr」と表示されます。この状態で F10 を数回押し、「Computer」に変換されれば Enter で確定します。

⑫「Communication」も同様の方法で入力することができます。半角英字の入力を終えたら、 Enter(改行) を押して改行します。

（漢字の入力）

⑬漢字変換は、ひらがなで一度入力した後、 Space を押して変換します。 S I K O U のキーを押し、文書ウィンドウに「しこう」が表示されれば Space を押します。「思考」が表示されるまで Space を押します。「思考」が表示されたら Enter で確定します。

⑭スペースを1文字分空けた後、同様の方法で「しこう」の同音異義語を入力します。「至高」まで入力できれば Enter(改行) を押して改行します。

⑮「図工」「地震」「交渉」「単位」の4つの単語も、同様の方法で入力します。

（名前を付けて保存と終了）

⑯すべて入力できれば、「文字入力問題」と名前を付けて保存します。［ファイル］－「名前
を付けて保存」をクリックして表示される「名前を付けて保存」Backstage ビューから保
存場所を選択し、「ファイル名」を「文字入力問題」として、保存してください。文書ウ
ィンドウに戻り、タイトルバーにファイル名の「文字入力問題」が表示されます。

⑰タイトルバーの右端にある ✖ （閉じる）をクリックして Word を終了しましょう。

1.3.5　記号の入力

いろいろな記号を入力してみよう。

文書の作成では、さまざまな記号を入力する必要もあります。ここでは、記号の入力につい
て、3 つの方法を紹介します。

(1)キーボード上にある記号

キーボード上にある記号は、IME が ON の状態では全角文字として、OFF の場合には半角
文字として入力することができます。ただし、キーボード上にあっても、そのまま入力できな
い記号があり、変換することで入力できる記号もあります。

表 1－7 の記号は、キーを押せば入力することができます。

表 1－7　キーボード上のキーをそのまま押せば入力できる記号

、	読点	。	句点	，	カンマ	．	ピリオド
・	中点	／	スラッシュ	「」	かぎかっこ	[]	大かっこ
：	コロン	；	セミコロン	＠	アットマーク	―	長音記号

注：初期設定では、「，」は「、」の、「．」は「。」の、「／」は「・」、「[]」は「「」」の変換
　　作業をすることによって入力されます。この 4 つの記号は、IME の設定を変更することによって、変
　　換せずともそのまま入力することができます。

表 1－8 の記号も、キーボード上に用意されています。ただし、これらの記号は、Shift を
押しながらキーを押さなければなりません。

表 1－8　Shift と共に押せば入力できる記号

！	"	#	$	%	&	'	()	=	{}	+	*	<	>	?	_

(2)キーボードにない記号

　郵便番号、電話番号、株式会社などを〒、☎、㈱と記号で表すことがあります。また、数式などを作成するには、数学の記号が必要になります。ここではキーボードから入力できない記号の入力方法を紹介します。

a.読みを入力して変換する方法

　　表1−9は、代表的な記号の読みをまとめたものです。記号の読みは1つとは限りません。また、キーボード上にある記号も、読みで変換して入力することもできます。

表1−9　よく使用される記号とその読み

読み	記号
かっこ	0 § 〖 【】　〈〉　《》　『』　「」など
きごう	●☆§×÷±ΣΩ℃※№.Tel♪㈱㊤㊥㊦ⅠⅡⅢⅣ☬など
ずけい	★◇■□▲△▼▽◎◆など
すうじ	ⅠⅡⅢⅣⅤ…　ⅰⅱⅲⅳⅴ…　①②③④⑤…など
たんい	℃%㌃㌍㌔㌦㌘㍗mg cm ㎡ ￠ ￡ など
すうがく	∞±√∽∴
やじるし	→←↑↓➡⇒⇔
まる	○●◎①②
さんかく	▲△▼▽∴∵
しかく	■◆□◇
から	〜
ゆうびん	〒

b.IMEパッドによる方法

　　読みを知らない記号については、文字一覧から探して入力することができます。IMEオプションの「IMEパッド」をクリックして開く、「IMEパッド」ダイアログボックスから 🔲（文字一覧）を選択し、「文字カテゴリ」の下方にある「シフトJIS」の「記号」（図1−16）の中にあるフォルダ内にある記号をクリックして入力することができます。

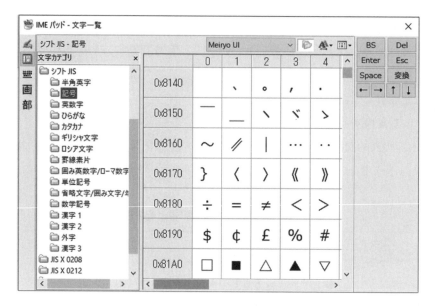

図1−16　IMEパッドによる記号の入力

c.記号と特殊文字による方法

　IMEパッドから入力した記号よりもデザイン性のある絵記号を入力することもできます。[挿入]−[記号と特殊文字]−Ω（記号と特殊文字）を選択すると、図1−17左のようなドロップダウンボックスが表示されます。この中に使いたい絵記号がなければ、Ω（その他の記号）をクリックして表示される「記号と特殊文字」ダイアログボックス（図1−17右）で、目的の記号を選択して「挿入」ボタンをクリックします。

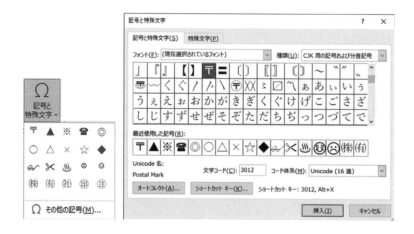

図1−17　「記号と特殊文字」のドロップダウンボックス（左）と、
　　　　　「記号と特殊文字」ダイアログボックス（右）

1.3.6 読みがわからない漢字の入力

W **読めない漢字を変換する方法を学習しましょう。**

　漢字入力は読みを入力して変換することで行います。しかし、読みがわからない漢字はどう入力すればよいのでしょうか。そのような漢字は「総画数」「部首」などを手がかりに探すこともできますし、「手書き」入力を用いてマウスで字の形を描いて検索する方法もあります。

(1)手書き

　IME オプションの「IME パッド」をクリックして IME パッドを表示し、 (手書き)をクリックします。すると「IME パッド－手書き」ダイアログボックス（図1－18）が表示される

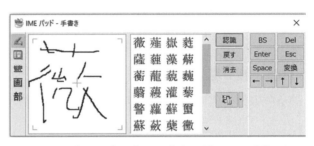

図1－18　「IME パッド - 手書き」ダイアログボックス

ので、「ここにマウスで文字を描いてください。」と書かれたスペースにドラッグしながら文字を描きます。線を引くたびに、該当する文字の候補が表示されるので、目的の文字が表示されたらクリックして挿入し Enter で確定します。

(2)総画数

　IME パッドの 画 (総画数)をクリックします（図1－19）。入力したい漢字の総画数を選択し、表示される漢字の候補の中から目的の漢字をクリックして挿入し Enter で確定します。

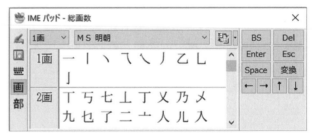

図1－19　「IME パッド - 総画数」
ダイアログボックスを利用した漢字の入力

(3)部首

　IME パッドの 部 (部首)をクリックします（図1－20）。入力したい漢字の部首の画数を手がかりに探して選択し、表示される漢字の候補の中から目的の漢字をクリックして挿入し Enter で確定します。

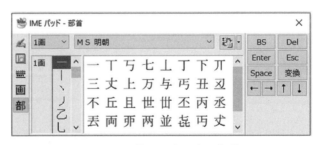

図1－20　「IME パッド - 部首」
ダイアログボックスを利用した漢字の入力

1.3.7　複文節変換と文節の区切り

> **W**　複数の文節からなる文の変換方法を学習しましょう。

　文章は複数の文節から構成されており、単語単位ではなく、文節単位で入力することが最適な方法です。また、ひとつの文節ごとに変換するよりも、複数の文節をまとめて入力して変換する方が効率は良くなります。ところが、Word も万能ではなく、言葉の区切りを誤ることがあります。その際には、改めて言葉の区切りをユーザーが修正することになります。本項では、この複文節変換の方法について説明します。

(1)複文節変換の基本手順

　ひらがな入力で 1 文全部を入力し、[Space]（変換キー）を押すことによって文字を変換します。

たばこはげんきんです　[Space]　→　タバコは現金です

図 1−21　複文節変換の表示例

　複数の文節で構成されている文を変換すると、変換と文節の区切りが行われ、図 1−21 のように太い下線と細い下線の文節となります。下線は文節の区切りを意味し、太い下線は注目文節といい、変換操作の対象となっていることを意味します。この段階で意図した変換が行われたら文を確定します。意図した変換と異なった場合は、さらに[Space]または[↓]を押し、目的の変換候補（図 1−22）になったら確定します。

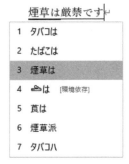

図 1−22　注目文節の変換候補

(2)文節位置の変更

　2 つ目の文節以降で、目的の変換ができなかった文節がある場合、その部分に注目文節を移動させる必要があります。注目文節の移動は[→][←]で行います。注目文節となったところで、[Space]を押すと、変換候補が表示されます（図 1−23）。

図 1−23　文節位置の変更と変換

(3)文節の長さの変更

　Word が判断した文節の長さが誤変換に影響している場合もあります。このようなときは、正しい変換が行われるよう注目文節の長さを調整します。

a.文節を長くするとき

　注目文節に移動し、[Shift]＋[→]を押すと、注目文節が右側に 1 文字分長くなります。文節の長さを調整して[Space]で変換します。

b.文節を短くするとき

　注目文節に移動し、[Shift]＋[←]を押すと、注目文節が左側に 1 文字分短くなります。文節の長さを変更して[Space]で変換します。

いいあいばかりです
↓ [Space]
言い合いばかりです
↓ [Shift]＋[←]を 7 回押す
言い 愛ばかりです
↓ [Space]を 2 回押す
いい愛ばかりです
↓ [Enter]で確定します
いい愛ばかりです

図1−24　文節の長さの変更と変換

C_{olumn} *1.4*　変換の取り消し

　変換した後に誤変換に気づいた場合、[Esc]を押すと、文字列がひらがなに戻ります（1回で戻らないときは何度か押す）。文字の挿入や削除で正しい読みを入力し直すことができます。確定してしまった後は「再変換」機能（1.3.4 項(3)参照）が便利です。

1.3.8　編集記号の表示/非表示

W　編集記号の表示の方法と、編集記号の種類を学びましょう。

　Word の画面上には、↵（段落記号）などの編集記号が表示されています。レイアウト作業をするとき、編集記号を表示させておくと便利です。また、印刷をするとき、印刷プレビューで仕上がりを確認するので、編集記号が常に表示されていても混乱することはありません。編集記号は常に表示して作業をするようにしましょう。

(1)編集記号の表示

　［ホーム］－［段落］－ ➙↵（編集記号の表示/非表示）をクリックするたびに、編集記号の表示と非表示が切り替わります。編集記号を表示させたいときは ON にしましょう。

(2)編集記号の種類

　編集記号には改行以外にもスペースやタブなど通常よく利用されるものがあります。また、ページの区切りを入れて改ページをしたときやセクションの区切りなど、高度な編集作業に欠かせないものもあります。

a.段落記号

　↵（段落記号）は文章の改行を表します。 Enter(改行) を押すと入力されます。デフォルトでは、常に表示されています。

b.スペース

　□（全角スペース）や ・（半角スペース）は空白を表す記号です。 Space を押すと入力されます。

c.タブ

　➙（タブ）は「Tabulator key」の略で、 Tab を押すと入力されます。 Tab とタブマーカー（1.4.7 項(3)参照）を組み合わせることで、タブの右側にある文字列の位置を自由に調整することができます。

d.改ページ

　「——————改ページ——————」（改ページ）は、任意の位置でページを終了し、次のページへの移動をする区切りのことです。 Ctrl + Enter でも改ページを行うことができ、この編集記号が入力されます。

e.セクション区切り

　「——————セクション区切り——————」（セクション区切り）は、文書の一部のレイアウトを変更したり、ページごとに設定を変更したりするときなどに用いる記号です。

f.隠し文字

　「隠し文字」は記号ではありませんが、通常の印刷設定では印刷されない文字を文書に入力することができます。編集記号の表示状態では、点線の下線が付いた隠し文字が表示されます。文字を隠し文字に設定するときは、対象となる文字を選択してから、[ホーム]－[フォント]－ （ダイアログボックス起動ツール）で表示される「フォント」ダイアログボックスの「文字飾り」で「隠し文字」のチェックボックスにチェックを付けます。

【例題 1.3.8：会社内コンペ募集書類①】

　　　　次の文章（図1－25）を入力し、ファイル名を「会社内コンペ募集書類」として保存しましょう。

平成 30 年 4 月 30 日
社員各位

総務部　森谷　太郎
山の手作り市出店者募集案内

　平成 30 年度の山の手作り市出店者向けの説明会を、下記要領にて実施いたしますので、お知らせします。
　今回は出店者ごとにチラシを作成し、プレゼンテーションを行い、その優勝者のみ出店の権利を獲得することになります。この説明会に参加できない方は、5 月 7 日(月)までに総務部　森谷までご連絡ください。

記
1.月日　平成 30 年 5 月 10 日(木)
2.場所　本社会議室
3.時間　午後 1 時 20 分　集合　各員持ち時間 10 分間
4.募集業種　食品販売　物品販売　バザーなど
※詳細は総務部森谷まで

以上

図1－25　会社内コンペ募集書類①の文章（21 行分）

＜操作手順＞

（文字の入力と変換）

①Word を起動して、新しい文書を用意します。[ホーム]－[段落]－ （編集記号の表示/非表示）を ON にしておきましょう。

②「へいせい３０ねん４がつ３０にち」→ Space →「平成 30 年 4 月 30 日」 Enter のように変換していきます。英数字やキーボードから入力できる記号はすべて半角です。

③入力したい文字のキーがわからなければ、「ローマ字／かな対応表」（1.3.9 項）を参照してください。また、記号の入力がわからなければ、1.3.5 項を参照してください。

（文書の保存と終了）

④[ファイル]－[名前を付けて保存]の 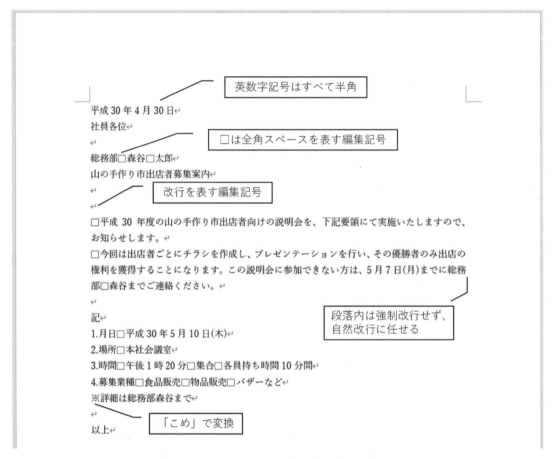 （この PC）をダブルクリックし、「名前を付けて保存」ダイアログボックスを表示します。「ファイル名」を「会社内コンペ募集書類」と入力し、「保存」ボタンをクリックしてください。文書ウィンドウに戻り、タイトルバーにファイル名の「会社内コンペ募集書類」が表示されます。

⑤タイトルバーの右端にある ✖ （閉じる）をクリックして Word を終了しましょう。

平成 30 年 4 月 30 日

社員各位

英数字記号はすべて半角

総務部□森谷□太郎

□は全角スペースを表す編集記号

山の手作り市出店者募集案内

改行を表す編集記号

□平成 30 年度の山の手作り市出店者向けの説明会を、下記要領にて実施いたしますので、お知らせします。

□今回は出店者ごとにチラシを作成し、プレゼンテーションを行い、その優勝者のみ出店の権利を獲得することになります。この説明会に参加できない方は、5 月 7 日(月)までに総務部□森谷までご連絡ください。

段落内は強制改行せず、自然改行に任せる

記

1.月日□平成 30 年 5 月 10 日(木)

2.場所□本社会議室

3.時間□午後 1 時 20 分□集合□各員持ち時間 10 分間

4.募集業種□食品販売□物品販売□バザーなど

※詳細は総務部森谷まで

以上

「こめ」で変換

図1-26 会社内コンペ募集書類①の解答例

Seminar1.2 1.10 節のスタンダード課題で、課題 1.10.2 を作成しましょう。

1.3.9 ローマ字/かな対応表

W IMEのローマ字とかなの対応を確認しましょう。

　次の表は、IME のローマ字/かな対応表（表1-10）です。特定のかなを入力する場合には、複数の入力法がありますので、ローマ字/かな対応表で確認しましょう。

表1-10　ローマ字/かな対応表

あ行	あ a	い i yi	う u wu whu	え e	お o	ぁ la xa	ぃ li xi lyi xyi	ぅ lu xu	ぇ le xe lye xye いぇ ye	ぉ lo xo
						うぁ wha	うぃ whi		うぇ whe	うぉ who
か行	か ka ca	き ki	く ku cu qu	け ke	こ ko co	きゃ kya くゃ qya くぁ qwa qa	きぃ kyi くぃ qwi qi qyi	きゅ kyu くゅ qyu くぅ qwu	きぇ kye くぇ qwe qe qye	きょ kyo くょ qyo くぉ qwo qo
	が ga	ぎ gi	ぐ gu	げ ge	ご go	ぎゃ gya ぐぁ gwa	ぎぃ gyi ぐぃ gwi	ぎゅ gyu ぐぅ gwu	ぎぇ gye ぐぇ gwe	ぎょ gyo ぐぉ gwo
さ行	さ sa	し si ci shi	す su	せ se ce	そ so	しゃ sya sha すぁ swa	しぃ syi すぃ swi	しゅ syu shu すぅ swu	しぇ sye she すぇ swe	しょ syo sho すぉ swo
	ざ za	じ zi ji	ず zu	ぜ ze	ぞ zo	じゃ zya ja jya	じぃ zyi jyi	じゅ zyu ju jyu	じぇ zye je jye	じょ zyo jo jyo
た行	た ta	ち ti chi	つ tu tsu	て te	と to	ちゃ tya cha cya つぁ tsa	ちぃ tyi cyi つぃ tsi	ちゅ tyu chu cyu	ちぇ tye che cye つぇ tse	ちょ tyo cho cyo つぉ tso

	(a)	(i)	(u)	(e)	(o)	(ya)	(yi)	(yu)	(ye)	(yo)
			っ			てゃ	てぃ	てゅ	てぇ	てょ
			ltu			tha	thi	thu	the	tho
			xtu							
						とぁ	とぃ	とぅ	とぇ	とぉ
						twa	twi	twu	twe	two
	だ	ぢ	づ	で	ど	ぢゃ	ぢぃ	ぢゅ	ぢぇ	ぢょ
	da	di	du	de	do	dya	dyi	dyu	dye	dyo
						でゃ	でぃ	でゅ	でぇ	でょ
						dha	dhi	dhu	dhe	dho
						どぁ	どぃ	どぅ	どぇ	どぉ
						dwa	dwi	dwu	dwe	dwo
な行	な	に	ぬ	ね	の	にゃ	にぃ	にゅ	にぇ	にょ
	na	ni	nu	ne	no	nya	nyi	nyu	nye	nyo
は行	は	ひ	ふ	へ	ほ	ひゃ	ひぃ	ひゅ	ひぇ	ひょ
	ha	hi	hu	he	ho	hya	hyi	hyu	hye	hyo
			fu							
						ふぁ	ふぃ	ふぅ	ふぇ	ふぉ
						fwa	fwi	fwu	fwe	fwo
						fa	fi		fe	fo
							fyi		fye	
						ふゃ		ふゅ		ふょ
						fya		fyu		fyo
	ば	び	ぶ	べ	ぼ	びゃ	びぃ	びゅ	びぇ	びょ
	ba	bi	bu	be	bo	bya	byi	byu	bye	byo
						ヴぁ	ヴぃ	ヴ	ヴぇ	ヴぉ
						va	vi	vu	ve	vo
							vyi		vye	
						ヴゃ		ヴゅ		ヴょ
						vya		vyu		vyo
	ぱ	ぴ	ぷ	ぺ	ぽ	ぴゃ	ぴぃ	ぴゅ	ぴぇ	ぴょ
	pa	pi	pu	pe	po	pya	pyi	pyu	pye	pyo
ま行	ま	み	む	め	も	みゃ	みぃ	みゅ	みぇ	みょ
	ma	mi	mu	me	mo	mya	myi	myu	mye	myo
や行	や		ゆ		よ	ゃ		ゅ		ょ
	ya		yu		yo	lya		lyu		lyo
						xya		xyu		xyo
ら行	ら	り	る	れ	ろ	りゃ	りぃ	りゅ	りぇ	りょ
	ra	ri	ru	re	ro	rya	ryi	ryu	rye	ryo
わ行	わ	うぃ		うぇ	を					
	wa	wi		we	wo					
ん	ん									
	n									
	nn									
	n'									
	xn									

注1 「っ」：n以外の子音の2連続も可能です。例 itta → いった

注2 「ん」：子音の前のみnでよく、母音の前ではnnまたはn'と入力します。
例 kanni → かんい
kani → かに

注3 「ヴ」のひらがなはありません。

《Word スタンダード編》

1.1 Word の基本知識
1.2 文書の管理
1.3 文字の入力と変換
1.4 文書の編集

1.4 文書の編集

　表紙やタイトル、強調や読みやすさの配慮など、見栄えの良い文書を作成するには、文書の編集機能を利用します。文書の内容が重要なことはもちろんですが、読みやすさやレイアウトなども印象の良い文書の重要な要素となります。

1.4.1　文字や行の選択

W	文字や行の選択の方法を学びましょう。

　文書を編集するには、まず編集対象を選択します。選択した文字列は図 1−27 のように背景色が表示されます。選択にはマウスを使う方法とキーボードを使う方法があります。

文字や行の選択

図 1−27　選択された文字列

a.文字単位での選択

　選択する文字列をマウスでドラッグすると、その範囲を選択することができます。また、[Shift]＋[→]を押しても文字を選択することができます。文字列をダブルクリックすると、語句単位で選択ができます。

b.離れた文字列の選択

　最初の文字列を選択してから、離れている文字列を[Ctrl]を押しながらドラッグして選択します。

c.行・段落単位での選択

　行を選択する場合は、行の左余白にカーソルを合わせ、ポインタの形が に変わったところでクリックします。すると行全体が選択されます。行の左余白を上下にドラッグすると、複数の行を選択することができます。また、左余白でダブルクリックすると、段落をまとめて選択することができます。この他にも、[Ctrl]や[Shift]を組み合わせることで、さまざまな方法の選択ができます。

d.選択の解除

　選択された部分以外をクリックすると、選択を解除します。

e.文書全体の選択

　文書中のすべての文字や表、図などを一度に選択するには、[ホーム]−[編集]− (選択)メニューの (すべて選択) をクリックします。また、Word ではよく利用される編集

操作をキーボードのキーの組み合わせに予約しています。これを「ショートカットキー」
と呼びます。[ホーム]−[編集]− (選択) メニューの (すべて選択) と同じ結果
を、 Ctrl +「A」を押すことで実現できます。

---

*C*olumn *1.5* 代表的なショートカットキー

Ctrl +「A」：すべて選択　　Ctrl +「C」：コピー　　Ctrl +「X」：切り取り
Ctrl +「V」：貼り付け　　　Ctrl +「S」：上書き保存　Ctrl +「P」：印刷
Ctrl +「Y」：繰り返し　　　Ctrl +「Z」：元に戻す　　Ctrl +「F」：検索

1.4.2 文字の配置

W 入力した文字の配置位置の設定について学習しましょう。

　Word は、デフォルトで「両端揃え」という文字の配置が設定されています。このため、行の
左端から入力が始まり、右端で折り返します。しかし、見出しなどは中央に配置した方が見や
すく、日付や発信者名などは右端に配置することが一般的です。

　Word では文字列を ↵ から ↵ までを1つの段落として段落単位で配置を設定します。段
落を中央に配置するには「中央揃え」、段落を右端に寄せるには「右揃え」を利用します。また、
「両端揃え」と「左揃え」は日本語の入力においてはほぼ同じ働きをします。英文の入力では、
右端の折り返しが異なります。文字の配置を Space で調整するのはやめましょう。

a.中央揃え

　中央揃えを行いたい段落中にカーソルを置き、[ホーム]−[段落]− (中央揃え) をクリ
ックします。

b.右揃え

　右揃えを行いたい段落中にカーソルを置き、[ホーム]−[段落]− (右揃え) をクリックし
ます。

c.中央揃え・右揃えを解除する

　解除したい段落にカーソルを置き、[ホーム]−[段落]− (両端揃え) をクリックして両
端揃えに戻します。また、中央揃えや右揃え機能が有効になっているときは、[ホーム]−
[段落]− (中央揃え) や (右揃え) のアイコンが選択状態になっているので、それ
をクリックして解除することもできます。

1.4.3　フォントやフォントサイズの変更

W　文字の大きさや書体を変更してみましょう。

　文字の書体のことをフォントと呼びます。Word には
さまざまなフォント（図 1−28）が用意されており、英
数字専用のフォントもあります。効果的にフォントを変
更することで、文書の印象を変えたり、見やすい文書に
なったり、文字を目立たせたりすることができます。ま
た、フォントサイズ（文字の大きさ）も自由に変更する
ことができます。

　デフォルトでは、フォントが「游明朝」（ゆうみんちょ
う）、サイズは「10.5」pt（ポイント）となっています。

(1)フォントの変更

　文字の書体を変更するときは、その文字列を選択し、
[ホーム]−[フォント]− 游明朝 (本文のフォ ∨ （フォント）
のメニューをクリックして表示されるメニュー（図 1−
28）から選択します。このメニューに表示されているフ
ォント名が、フォント（書体）を表しているので参考に
するとよいでしょう。

(2)フォントサイズの変更

　サイズを変更したい文字列を選択し、[ホーム]−[フォ
ント]− 10.5 ∨ （フォントサイズ）で行います。フォント
サイズボックスのメニューで表示される数値から目的の

**図 1−28　フォントボックスにある
さまざまなフォントの例**

フォントサイズを選択するか、フォントサイズボックスに数値を直接入力することで、文字の
サイズを変更することができます。1pt は 0.0353cm（1/72 インチ）です。また、[ホーム]−[フ
ォント]− **A^** （フォントサイズの拡大）や **A˘** （フォントサイズの縮小）をクリックして変更
することも可能です。フォントサイズは、1pt〜1,638pt の範囲で変更できます。

1.4.4　文字の書式の変更

W　文字書式の変更方法を学びましょう。

　フォントやフォントサイズの変更以外にも文字を装飾する方法があります。文字の装飾は効

果的に使うことで、強調したい箇所を印象づけ、文字のデザイン性を豊かにすることができます。

　文字の装飾は、[ホーム]−[フォント]グループのコマンドボタン（図1−29）を利用して行います。コマンドボタンのアイコンがその書式を表しているので参考にしましょう。

図1−29　[ホーム]−[フォント]
グループのコマンドボタン

a.太字（Bold）

　太字にしたい文字列を選択し、[ホーム]−[フォント]− **B** （太字）をクリックします。

b.斜体（Italic）

　斜体にしたい文字列を選択し、[ホーム]−[フォント]− *I* （斜体）をクリックします。

c.下線（Underline）

　下線を引きたい文字列を選択し、[ホーム]−[フォント]− U （下線）をクリックします。アイコンをクリックすると一重の黒色の線が引かれます。[ホーム]−[フォント]− U （下線）のメニューをクリックするとドロップダウンボックスが表示され、線種（二重線、波線、点線など）や線の色を選択することができます。

d.取り消し線

　文字列の中央を横切る一重の線を引きます。取り消し線を引きたい文字列を選択し、[ホーム]−[フォント]− ab （取り消し線）をクリックします。

e.文字の効果と体裁

　文字に影や光彩、反射などの視覚効果を設定することができます。視覚効果を付けたい文字列を選択し、[ホーム]−[フォント]− A （文字の効果と体裁）をクリックし、表示されるメニューから選択します。

f.フォントの色

　文字の色を変えたい文字列を選択し、[ホーム]−[フォント]− A （フォントの色）のメニューをクリックし、表示されるドロップダウンボックスの中から目的の色をクリックします。グラデーション文字などを設定することもできます。

g.文字の網かけ

　文字にグレーの背景色を付けることを「網かけ」と呼びます。網かけにしたい文字列を選択し、[ホーム]−[フォント]− A （文字の網かけ）をクリックします。

h.ルビ

　文字にルビ（ふりがな）を付けることができます。ルビを付けたい文字列を選択し、[ホーム]−[フォント]− ア亜 （ルビ）をクリックすると、「ルビ」ダイアログボックス

が表示されます。通常、変換時の読みがルビになりますが、ルビを自由に変更することもできます。

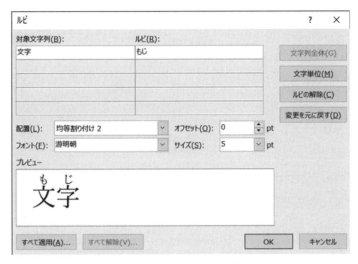

図1-30　「ルビ」ダイアログボックス

i.囲み線

文字列を□で囲んだ線のことを囲み線と呼びます。囲み線は1文字から1行の範囲で設定できます。囲み線を設定したい文字列を選択し、[ホーム]-[フォント]-Ａ（囲み線）をクリックします。

j.囲い文字

○や□で囲んだ文字を囲い文字と呼びます。囲い文字は1文字単位で設定します。51以上の丸数字を入力したいときなどに使用します。囲い文字にしたい文字を選択し、[ホーム]-[フォント]-㉕（囲い文字）をクリックすると「囲い文字」ダイアログボックスが表示されます。囲い文字の設定を行いましょう。

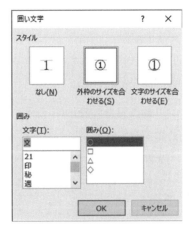

図1-31　「囲い文字」
ダイアログボックス

k.すべての書式のクリア

変更した書式（フォント書式だけでなく段落書式も含む）をすべて解除し、標準の書式である游明朝、10.5ptの文字にする機能です。書式をクリアしたい文字列を選択し、[ホーム]-[フォント]-𝐴◊（すべての書式をクリア）をクリックします。

I.その他の文字の装飾

ここで紹介したもの以外にもさまざまな書式の変更があります。[ホーム]−[フォント]− （ダイアログボックス起動ツール）をクリックすると、フォントを詳細に設定できるダイアログボックス（図1−32）が表示されます。この中から、目的に合った文字飾りにチェックを入れることによって、文字を装飾することができます。

図1−32　「フォント」ダイアログボックス

【例題 1.4.4：会社内コンペ募集書類②】

　　　　　例題 1.3.8 の「会社内コンペ募集書類」を開き、図1−33（「編集記号の表示」ON）を参考に、文書のレイアウトを整えましょう。完成した文書は上書き保存をしましょう。

＜操作手順＞

（文字の配置）

①Word を起動して、[ファイル]−[開く]をクリックして、「開く」Backstage ビューから、例題 1.3.8 で作成し保存した「会社内コンペ募集書類」を開きます。[ホーム]−[段落]−➥（編集記号の表示/非表示）を ON にしておきましょう。

②文字の配置を変更します。1 行目の「平成 30 年 4 月 30 日」と 4 行目の「総務部　森谷太郎」、21 行目の「以上」を右揃えにします。「平成 30 年 4 月 30 日」の行にカーソルを置き、[ホーム]−[段落]−▤（右揃え）をクリックします。すると、「平成 30 年 4 月 30 日」が右揃えになります。指示された残りの文字列も同様の方法で右揃えにします。「以上」が自動で右揃えになっていた場合はそのまま利用します。

③5 行目「山の手作り市出店者募集案内」、14 行目「記」を中央揃えにします。「山の手作り市出店者募集案内」の行にカーソルを置き、[ホーム]−[段落]−▤（中央揃え）をクリックします。すると、「山の手作り市出店者募集案内」が中央揃えになります。「記」も

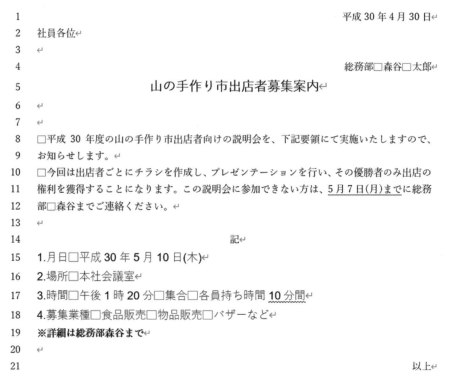

<table>
<tr><td>1</td><td></td><td>平成 30 年 4 月 30 日↵</td></tr>
<tr><td>2</td><td>社員各位↵</td><td></td></tr>
<tr><td>3</td><td>↵</td><td></td></tr>
<tr><td>4</td><td></td><td>総務部□森谷□太郎↵</td></tr>
<tr><td>5</td><td colspan="2">山の手作り市出店者募集案内↵</td></tr>
<tr><td>6</td><td>↵</td><td></td></tr>
<tr><td>7</td><td>↵</td><td></td></tr>
<tr><td>8</td><td colspan="2">□平成 30 年度の山の手作り市出店者向けの説明会を、下記要領にて実施いたしますので、</td></tr>
<tr><td>9</td><td colspan="2">お知らせします。↵</td></tr>
<tr><td>10</td><td colspan="2">□今回は出店者ごとにチラシを作成し、プレゼンテーションを行い、その優勝者のみ出店の</td></tr>
<tr><td>11</td><td colspan="2">権利を獲得することになります。この説明会に参加できない方は、<u>5 月 7 日(月)</u>までに総務</td></tr>
<tr><td>12</td><td colspan="2">部□森谷までご連絡ください。↵</td></tr>
<tr><td>13</td><td>↵</td><td></td></tr>
<tr><td>14</td><td colspan="2" align="center">記↵</td></tr>
<tr><td>15</td><td colspan="2">1.月日□平成 30 年 5 月 10 日(木)↵</td></tr>
<tr><td>16</td><td colspan="2">2.場所□本社会議室↵</td></tr>
<tr><td>17</td><td colspan="2">3.時間□午後 1 時 20 分□集合□各員持ち時間 <u>10 分間</u>↵</td></tr>
<tr><td>18</td><td colspan="2">4.募集業種□食品販売□物品販売□バザーなど↵</td></tr>
<tr><td>19</td><td colspan="2">**※詳細は総務部森谷まで**↵</td></tr>
<tr><td>20</td><td>↵</td><td></td></tr>
<tr><td>21</td><td></td><td>以上↵</td></tr>
</table>

図 1−33　会社内コンペ募集書類②の解答例

注：この解答例で行番号が表示されているのは、操作手順の指示を見やすくするためです。
　　実際に行番号を表示する必要はありません。

同様の方法で中央揃えにします。「記」が自動で中央揃えになっていた場合はそのまま利用します。

（フォントとフォントサイズの変更）

④フォントサイズを変更します。5 行目「山の手作り市出店者募集案内」のフォントサイズを 14pt に変更します。「山の手作り市出店者募集案内」を選択して、フォントサイズは [ホーム]−[フォント]− 10.5 （フォントサイズ）のメニューで 14pt に設定して変更します。

⑤15 行目「1.月日」から 18 行目「4.募集業種」までのフォントサイズを、同様の方法で 12pt に変更します。

⑥5 行目「山の手作り市出店者募集案内」のフォントを「游ゴシック」に設定します。「山の手作り市出店者募集案内」を選択し、[ホーム]−[フォント]− 游明朝 (本文のフォ （フォント）から「游ゴシック Light」を選択します。

⑦同様の方法で、15 行目「1.月日」から 18 行目「4.募集業種」の行までのフォントを「游ゴシック Light」に変更します。また、英字や数字には専用のフォントを利用したいので、

同じく 15 行目から 18 行目が選択されていることを確認して「Arial」を選択します。

（太字）

⑧5 行目「山の手作り市出店者募集案内」を選択し、[ホーム]－[フォント]－ **B** （太字）を
クリックします。すると、「山の手作り市出店者募集案内」の文字が太字になります。

⑨同様の方法で、19 行目「※詳細は総務部森谷まで」を選択し、太字に変更します。

（下線）

⑩11 行目の「5 月 7 日(月)まで」を選択し、[ホーム]－[フォント]－ **U** （下線）をクリック
します。すると、「5 月 7 日(月)まで」に下線が引かれます。

⑪17 行目の「10 分間」に波線を引きます。「10 分間」を選択し、[ホーム]－[フォント]－ **U**
（下線）のメニューにある「波線の下線」をクリックします。すると、「10 分間」に波線
が引かれます。

（文書の保存と終了）

⑫クイックアクセスツールバーの 🖫 （上書き保存）をクリックします。ファイル名「会社
内コンペ募集書類」に上書き保存されます。

⑬タイトルバーの右端にある ✕ （閉じる）をクリックして Word を終了しましょう。

> **Seminar 1.3** 1.10 節のスタンダード課題で、課題 1.10.3-1 を作成しましょう。

1.4.5　文字の削除・移動・コピー

> **W** 入力した文字の削除・移動・コピーを学びましょう。

効率よく文書を編集する方法として、文字の削除・移動・コピーの操作を紹介します。この
操作にはリボンを使う方法とマウスを使う方法の 2 つがあります。

(1)文字の削除

カーソルの左側の文字を 1 文字削除する `BackSpace`、右側の文字を 1 文字削除する `Delete` を
使い分けます。キーを押すたびに、1 文字ずつ削除することができます。多くの文字を一括し
て削除する場合は、あらかじめ削除したい文字列を選択してから、`Delete` または `BackSpace` を押
します。

(2)文字の移動

移動したい文字列を選択し、[ホーム]－[クリップボード]－ ✂ （切り取り）をクリックしま

す。すると、選択した文字が切り取られます。次に、文字列を移動させたい箇所にカーソルを移動し、[ホーム] [クリップボード]—（貼り付け）をクリックすると切り取った文字が挿入されます。なお、どのような形式で貼り付けるかというオプションは、（貼り付け）のメニューをクリックして表示されるメニュー（図1−34）から3種類（表1−11）選択することができます。

図1−34　貼り付けのメニュー

表1−11　貼り付けのオプション

	元の書式を保持：切り取り（コピー）した文字列の書式が適用される
	書式を結合：貼り付け先の書式が優先されるが、貼り付け先にない書式が切り取り（コピー）した文字列にあった場合、その書式が適用される
	テキストのみ保持：元の書式はすべてクリアされ、文字列だけが貼り付けられる

(3)文字のコピー

　コピーしたい文字列を選択し、[ホーム]−[クリップボード]−（コピー）をクリックします。そして貼り付けたい箇所にカーソルを移動し、（貼り付け）をクリックして、貼り付けます。どのような形式で貼り付けるかは切り取りと同様に数種類（表1−11）から選ぶことができます。

(4)書式のコピー

　選択した文字列の書式のみを貼り付け先に適用することができます。書式をコピーしたい文字列を選択し、[ホーム]−[クリップボード]−（書式のコピー/貼り付け）をクリックします。するとカーソルが に変わり、書式をコピーしたい文字列をドラッグするとその書式が適用されます。

---

*C*olumn*1.6*　クリップボード

　クリップボードは、切り取ったりコピーしたりした文字や画像などを、一時的に記憶する機能のことです。通常は直前の操作のものが記憶されるだけですが、あらかじめ[ホーム]−[クリップボード]— （ダイアログボックス起動ツール）をクリックして、クリップボードナビゲーションウィンドウを開いておけば、最大24個まで切り取った（コピーした）ものが記憶されます。貼り付けたいものを選んでクリックしましょう。

1.4.6 検索と置換

目的の文字を検索し、他の文字に変更しましょう。

「然し」は「しかし」、「極めて」→「きわめて」とむやみに漢字を使わない方が文章は読みやすくなります。しかし、「然し」や「極めて」は表記の誤りではないので、校閲機能で探すのは簡単ではありません。そこで、目的の文字を探す「検索」機能と、検索した文字を目的の文字に変更する「置換」機能を使うと、効率よく表記を統一することができます。

(1)検索

目的の文字を探すことを「検索」を呼びます。Word では検索の方法が2つあります。1つ目の方法はナビゲーションウィンドウを利用する方法です。もう1つは「検索と置換」ダイアログボックスを利用する方法です。

ナビゲーションウィンドウ（図1−35）を利用するには、[ホーム]−[編集]− 🔍 （検索）をクリックするか、[表示]−[表示]−「ナビゲーション ウィンドウ」をチェックします。検索したい文字を入力すると該当する文字列がすべて反転表示され、[見出し]タブ、[ページ]タブ、[結果]ごとに表示されます。

「検索と置換」ダイアログボックスを利用するには [ホーム]−[編集]− 🔍 （検索）− 🔍 （高度な検索）をクリックします。すると、「検索と置換」ダイアロ

図1−35 ナビゲーションウィンドウ

グボックスの[検索]タブ（図1−36）が開きます。「検索する文字列」に検索したい文字を入力し、「次を検索」ボタンをクリックすると、カーソルのある位置から後にある文字に移動します。もう一度「次を検索」ボタンをクリックすると、さらに文書の後方を検索し、ヒットした文字が表示されます。

図1−36 「検索と置換」ダイアログボックス（[検索]タブ）

(2)置換

　検索した文字列を別の文字列に置き換えることを「置換」と呼びます。[ホーム]－[編集]－（置換）を選択すると、「検索と置換」ダイアログボックスの[置換]タブ（図1－37）が開きます。検索したい文字を「検索する文字列」に、置換したい文字を「置換後の文字列」に入力します。「次を検索」ボタンを押して、該当する文字に移動します。文字を置き換える場合は「置換」ボタンをクリックします。置き換えない場合は、「次を検索」ボタンをクリックします。該当する文字を一括で置き換える場合は、「すべて置換」ボタンをクリックします。

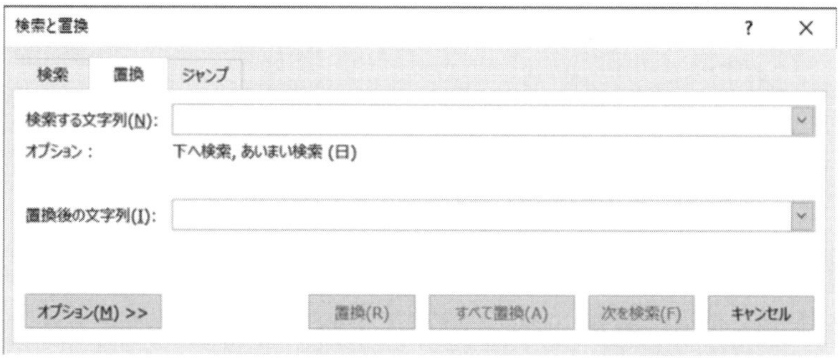

図1－37　「検索と置換」ダイアログボックス（[置換]タブ）

1.4.7　インデントとタブ、均等割り付け

インデントとタブ、均等割り付けについて理解しましょう。

　段落単位の文字列の位置を調整するにはインデント機能を、文字列単位の位置の調整にはタブ機能を利用します。また、異なる文字数の幅を調整するには均等割り付け機能が最適です。

　インデントは、段落の両端から文字列の位置を自由に設定できる他、段落の1行目や2行目以降の文字の配置を調整することができます。

　タブは、複数の文字列を揃える場合に利用します。インデントやタブの調整には文字数単位での操作が必要になるので、文書ウィンドウに表示されるルーラーという目盛りを利用します。またタブ機能を使うときにもルーラーを用います。

　均等割り付けは、複数の文字列を同じ文字幅に調整する機能です。異なる文字数の文字列が同じ幅になるのでレイアウトに活用しましょう。

(1)ルーラーの表示/非表示

　ルーラーは、文字数単位が表示される水平ルーラーと、行数単位が表示される垂直ルーラーがあり、表示のONとOFFを切り替えることができます。ルーラーを表示するには、[表示]－[表示]－「ルーラー」にチェックを入れます。ルーラーを非表示にするには、[表示]－[表示]－

「ルーラー」のチェックを外します。

(2)インデント

　インデントの設定は、インデントマーカー（図1-38）を使用して行います。段落に対する操作なので、カーソルはインデントを設定したい段落内に置きます。ルーラーにあるインデントマーカーをドラッグすると、それぞれ図1-39のように文字を折り返します。

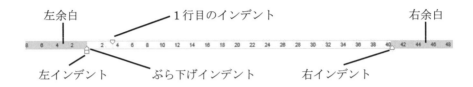

図1-38　ルーラーとインデントマーカー

a.左インデント

　　段落全体の左端の位置を調整することができます。左インデントマーカーを移動すると、
　　「1行目のインデント」「ぶら下げインデント」マーカーも一緒に移動します。

b.右インデント

　　段落の右端の文字の折り返し位置を調整します。

c.1行目のインデント

　　段落の1行目のみの左端の位置を調整します。2行目以降には影響しません。

d.ぶら下げインデント

　　段落の2行目以降の左端の位置を調整します。1行目は移動しません。

　　　　　左インデント左インデント左インデント左インデント左インデント左インデント
　　　　　左インデント左インデント左インデント左インデント左インデント左インデント
　　　　　左インデント左インデント左インデント左インデント左インデント↵
　　↵
　　右インデント右インデント右インデント右インデント右インデント右インデン
　　ト右インデント右インデント右インデント右インデント右インデント右インデ
　　ント右インデント右インデント右インデント右インデント右インデント↵
　　↵
　　　　　1行目のインデント1行目のインデント1行目のインデント1行目のインデント
　　1行目のインデント1行目のインデント1行目のインデント1行目のインデント1行目の
　　インデント1行目のインデント1行目のインデント1行目のインデント↵
　　↵
　　ぶら下げインデントぶら下げインデントぶら下げインデントぶら下げインデントぶら下げ
　　　　インデントぶら下げインデントぶら下げインデントぶら下げインデントぶら下げ
　　　　インデントぶら下げインデントぶら下げインデントぶら下げインデント↵

図1-39　インデントの例

(3)タブ

　複数行の文字列を同じ位置で揃えたいときにタブ機能を使います。インデントや右揃え、中央揃えは段落に対する操作であり、文字間の位置調整にはタブ機能が便利です。

　タブの設定では最初に [Tab] を押してタブ記号を入力します。タブ記号は編集記号なので、デフォルトでは表示されていません。[ホーム]−[段落]−→↵ (編集記号の表示/非表示) をクリックして → （タブ記号）を確認できるようにしましょう。

　標準設定でタブ記号を挿入すると、タブ記号の右側の文字列がルーラーの 4 文字単位（4・8・12…）で設定された文字位置に移動します。任意に文字列を設定する場合は、ルーラーにタブマーカーを設定して文字列の配置を決定します。

　タブマーカーには L （左揃えタブ）、⊥ （中央揃えタブ）、⌐ （右揃えタブ）、Ⅎ （小数点揃えタブ）、▮ （縦棒タブ）の5種類があります。各タブマーカーの機能と使用例は表1−12を参照してください。

　タブマーカーは、デフォルトでは L （左揃えタブ）になっています。タブマーカーは、ルーラーの左にあるタブマーカー（最初は L ）をクリックするたびに、タブマーカー5 種類とインデントマーカー2 種類が次々と表示されます。タブマーカーを設定するときは、あらかじめ文字列を揃えたい複数の段落を選択しておくと便利です。配置したタブマーカーを削除する場合は、そのタブマーカーをドラッグして、ルーラーの外に移動させてドロップしてください。

表1−12　タブマーカーの種類と機能（点線がタブマーカーの位置）

売上げ	→	No.1	→	柚子パイ	→	初代の作品	→	6.0%
売上げ	→	No.13	→	クリーム柚子パイ	→	次世代の作品	→	120.00%
売上げ	→	No.233	→	抹茶柚子パイ	→	新入社員のアイデア	→	0.005%

L	（左揃えタブ）	タブマーカーの位置で文字列の左端を揃えます。
⊥	（中央揃えタブ）	タブマーカーの位置で文字列の中央を揃えます。
⌐	（右揃えタブ）	タブマーカーの位置で文字列の右端を揃えます。
Ⅎ	（小数点揃えタブ）	タブマーカーの位置で数値の小数点の位を揃えます。
▮	（縦棒タブ）	文字列を揃えるのではなく、設定した位置に縦棒を引きます。

(4)均等割り付け

　たとえば2 文字の「日時」と3 文字の「交通費」が上下に並んでいる場合、インデントやタブを使って文字の開始位置は調整できても、2 字と3 字の文字幅のずれは調整できません。このようなときに均等割り付け機能を使用します。

　まず「日時」と「交通費」を上下の行に入力します。
そして、文字間隔を広げたい「日時」を選択します。
このとき、↵ （改行）は選択しないようにします。
[ホーム]−[段落]−▤ （均等割り付け）をクリックす
ると、「文字の均等割り付け」ダイアログボックス（図
1−40）が表示されるので、「新しい文字列の幅」テキス

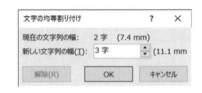

図1−40 「文字の均等割り付け」
ダイアログボックス

トボックスに揃えるべき文字数を入力し「OK」ボタンをクリックします。「3」と入力すると、
文字幅が「3字」に均等割り付けされます。

【例題 1.4.7：会社内コンペ募集書類③】

　　　「会社内コンペ募集書類」を開いて、図1−41（「編集記号の表示」ON）を参考に、
　　　インデントの設定をしましょう。完成したら、上書き保存をしましょう。

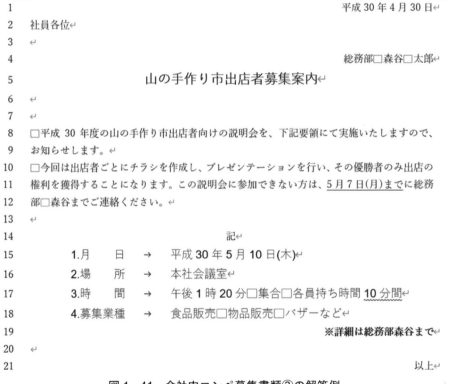

```
 1                                          平成 30 年 4 月 30 日↵
 2    社員各位↵
 3    ↵
 4                                          総務部□森谷□太郎↵
 5            山の手作り市出店者募集案内↵
 6    ↵
 7    ↵
 8    □平成 30 年度の山の手作り市出店者向けの説明会を、下記要領にて実施いたしますので、
 9    お知らせします。↵
10    □今回は出店者ごとにチラシを作成し、プレゼンテーションを行い、その優勝者のみ出店の
11    権利を獲得することになります。この説明会に参加できない方は、5月7日(月)までに総務
12    部□森谷までご連絡ください。↵
13    ↵
14                        記↵
15        1.月　　　日　→　平成 30 年 5 月 10 日(木)↵
16        2.場　　　所　→　本社会議室↵
17        3.時　　　間　→　午後 1 時 20 分□集合□各員持ち時間 10 分間↵
18        4.募集業種　→　食品販売□物品販売□バザーなど↵
19                                ※詳細は総務部森谷まで↵
20    ↵
21                                          以上↵
```

図1−41 会社内コンペ募集書類③の解答例

＜操作手順＞

（インデントの設定）

　①例題 1.4.4 で保存した「会社内コンペ募集書類」を開きます。[ホーム]−[段落]−↵ （編

集記号の表示/非表示）を ON にしておきましょう。

②左インデントの設定を行います。15 行目「1.月日」から 19 行日の「※詳細は…」までの 5 行を選択します。そして、左インデントを「4」文字に設定します。

（タブの挿入とタブマーカーの配置）

③15 行目の「1.月日」の行で、「1.月日」と「平成 30 年」の間のスペースを [Tab] でタブ記号に置き換えます。編集記号の → （タブ）が表示され、8 字に「平成 30 年」が移動します。同様に、16〜18 行目についても、最初のスペースを [Tab] でタブ記号に置き換えましょう。

④15〜18 行目を選択して、ルーラーの 14 字付近に ∟ （左揃えタブマーカー）を配置します。19 行目「※詳細は…」は右揃えにします。

（均等割り付けの設定）

⑤15〜18 行目の「月日」「場所」「時間」「募集業種」を同時に選択し、[ホーム]−[段落]−▤ （均等割り付け）で表示される「文字の均等割り付け」ダイアログボックスの「新しい文字列の幅」テキストボックスで「4 字」と入力されているのを確認し、「OK」ボタンをクリックします。

（文書の保存と終了）

⑥クイックアクセスツールバーの 💾 （上書き保存）をクリックします。ファイル名「会社内コンペ募集書類」に上書き保存されます。

⑦タイトルバーの右端にある ✕ （閉じる）をクリックして Word を終了しましょう。

Seminar 1.4 1.10 節のスタンダード課題で、課題 1.10.3-2 を作成しましょう。

《Word スタンダード編》
| 1.5 文書の印刷 |
| 1.6 図の挿入 |
| 1.7 表の作成と編集 |

1.5 文書の印刷

電子書籍の登場により、書籍などをモニタで閲覧する機会が多くなりました。しかし、閲覧のしやすさ、持ち運びの容易さなど、紙の文書の有効性は依然として高いままです。Word で作成した文書を紙に印刷する場合、どのように印刷されるのかを確認したり、わかりやすいレイアウトにしたり、ページ番号などを挿入して、読み手に配慮した文書にすることが重要です。

本節では、最初に文書のスタイルの設定方法として、ページ設定の変更方法やヘッダーとフッターについて説明します。そして、どのように印刷されるかを画面上で確認できる印刷プレビューと実際の印刷方法について説明します。

1.5.1 ページ設定

> **W** ページ設定でレイアウトの整え方を学びましょう。

ページ設定では、印刷する用紙の大きさや、印刷時の余白の広さ、あるいは 1 ページ内の行数や、1 行の文字数など、さまざまな設定を変更することが可能です。

(1)余白の設定

余白は[レイアウト]−[ページ設定]− ⊞ (余白) で設定を変更することができます。 ⊞ (余白) をクリックすると、メニュー (図 1−42 左) が表示されます。目的に合った余白の大きさをクリックします。もしイメージどおりの余白が見つからなければ、「ユーザー設定の余白」で表示されるダイアログボックス (図 1−42 右) で、上下左右を好みの広さに調整することができます。

(2)印刷の向きの設定

[レイアウト]−[ページ設定]− ⊡ (印刷の向き) をクリックすると印刷用紙の向きを縦と横から選択することができます。デフォルトでは ▯ (縦) になっていますが、横長の表やグラフなどを印刷する場合には、 ▭ (横) を選択するとよいでしょう。

(3)サイズ

[レイアウト]−[ページ設定]− ▯ (サイズ) で、文書ウィンドウの用紙サイズの大きさを変更することができます。標準設定では A4 ですが、作成する原稿サイズに合わせて変更します。

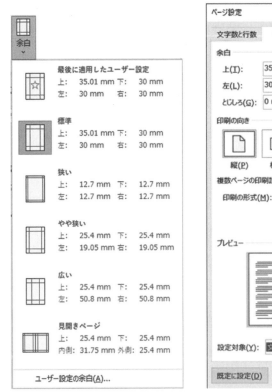

図1−42　「余白」のメニュー（左）と、「ページ設定（余白）」ダイアログボックス（右）

(4)より詳細な設定

　[レイアウト]−[ページ設定]−　（ダイアログボックス起動ツール）をクリックすると、「ページ設定」ダイアログボックス（図1−42右）が表示されます。[文字数と行数]タブでは、1行内の文字数や段組数を指定することができます。Word で作業を始める前には、「標準の文字数を使う」に設定しましょう。[余白]タブでは、用紙の余白の設定や印刷の向きなどの設定ができます。[用紙]タブでは、用紙の「サイズ」の変更が可能です。[その他]タブでは、ヘッダーとフッター（1.5.2 項参照）のさまざまな設定を変更することができます。

1.5.2　ヘッダーとフッター

> **W** ヘッダーとフッターの使用方法を理解しましょう。

　ページの上の余白をヘッダー、下の余白をフッターと呼びます。文書管理のためにヘッダーに文書名や日付、文書番号を挿入すること、フッターにページ番号を挿入することによって文書の整理がしやすくなります。

挿入されたヘッダーとフッターは、特別な設定をしない限り、すべてのページで同様に設定されます。

(1)ヘッダー・フッターの機能

ページの上の余白にヘッダーを設定するには[挿入]−[ヘッダーとフッター]− 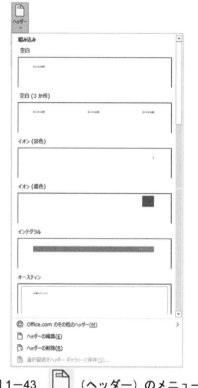 （ヘッダー）からメニュー（図 1−43）を表示し、任意の形式を選択します。ヘッダーが挿入されると、文字の入力が可能になります。フッターも同様の方法で挿入できます。または、ヘッダーやフッター部分をダブルクリックして入力することもできます。

図 1−43 （ヘッダー）のメニュー

(2)ページ番号の挿入方法

ページ番号を挿入するには、[挿入]−[ヘッダーとフッター]− 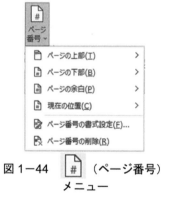 （ページ番号）をクリックして表示されるメニュー（図 1−44）から、ページを挿入する位置や形式を選択します。

図 1−44 （ページ番号）メニュー

(3)ヘッダーとフッターの書式設定

ヘッダー，あるいはフッターを挿入した後、ヘッダー（フッター）をダブルクリックするか、ヘッダーのメニュー（図 1−43）にある「ヘッダー（フッター）の編集」をクリックすると、[ヘッダーとフッター]コンテキストタブ（図 1−45）が表示されます。ヘッダーおよびフッターの詳細な設定をすることができます。ヘッダーとフッターを、余白内のどの高さに配置するかは、[ヘッダーとフッター]−[位置]− （上からのヘッダー位置）あるいは （下からのフッター位置）のメニューで mm 単位の設定ができます。

図 1−45 [ヘッダーとフッター]コンテキストタブ

また、[ヘッダーとフッター]−[挿入]を用いれば、ヘッダーあるいはフッターに、日付や画像、オンライン画像などを挿入することができます。図の挿入に関しては、1.6 節を参照してください。

さらに、ヘッダーとフッターは、デフォルトではすべてのページに同じものが挿入されますが、奇数ページと偶数ページを違う書式にしたり、あるいは先頭ページのみヘッダーとフッターを表示しない書式にしたりなど、詳細に設定することができます。これらは、[ヘッダーとフッター]−[オプション]のチェックボックスをクリックするだけで簡単に操作することができます。[ヘッダーとフッター]−[閉じる]−☒（ヘッダーとフッターを閉じる）をクリックすると、文書ウィンドウに戻ります。または文書ウィンドウをダブルクリックすることもできます。

1.5.3 印刷プレビューと印刷

> Ｗ 印刷プレビューの使用方法と印刷の方法について理解しましょう。

モニタに表示されている文書と、実際に印刷した紙の文書ではイメージと異なる場合があります。印刷ミスを防ぐためにも、事前に「印刷プレビュー」で確認する習慣をつけることが重要です。印刷プレビューでは、作成した文書が印刷された状態に非常に近いイメージとなっています。ズームで表示の大きさを変更したり、複数ページを 1 画面に表示したりすることも可能で、全体の仕上がりのよさや、ページ間のまとまりのよさを把握するのにも便利です。

(1)印刷プレビュー

印刷プレビューを表示するには、[ファイル]−[印刷]をクリックします。すると、「印刷」Backstage ビュー（図 1−46）に切り替わります。左側に印刷の各種設定（1.5.3 項(2)参照）、右側に印刷プレビューが表示されます。

図 1−46 「印刷」Backstage ビューの表示画面

印刷プレビューの右下にはプレビューのサイズを変更できるズームバーと「ページに合わせる」ボタン（図 1−47）があります。ズームバーのつまみをマイナスにドラッグすると、表示倍率が小さくなり、複数のページがプレビューできます。元の表示に戻すには✥（ページに合わせる）ボタンをクリックします。

図 1−47 ズームバーと ✥ （ページに合わせる）ボタン

　また、表示倍率の数値が表示されている箇所をクリックすると「ズーム」ダイアログボックス（図1−48左）が表示され、表示倍率や表示ページ数を指定することができます。この機能は通常の文書ウィンドウのズームバーでも同様です。

　印刷プレビュー画面を終了する場合は、リスト上部にある ⬅ （戻る）をクリックします。

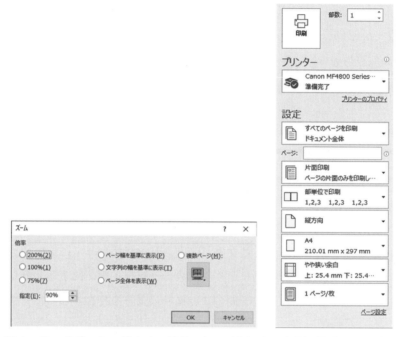

図1−48　「ズーム」ダイアログボックス（左）と、印刷の設定画面（右）

(2)印刷の設定

　「印刷」Backstage ビューの設定画面（図1−48右）でさまざまな設定を変更することができます。問題がなければ 🖶 （印刷）をクリックして印刷を実行します。

a.プリンター

　印刷するプリンターを設定します。複数のプリンターが接続されている場合は、印刷するプリンターを変更することができます。

b.設定

　印刷するページを指定することができます。すべてのページの印刷や、現在カーソルのあるページだけの印刷、選択した部分だけの印刷などを選ぶことができます。

c.ページ

　ページを指定して印刷することができます。「2-5」のように連続するページの印刷、「1,2,5」のように連続しないページの印刷などが設定できます。

d.片面印刷

通常は用紙の片面のみに印刷されます。プリンターが両面印刷機能を備えている場合には、両面印刷に変更します。

e.部単位で印刷

文書を複数部印刷する場合、同じページを先に必要部数印刷するのが「ページ単位」です。デフォルトでは1部を印刷してから2部目を印刷する「部単位」に設定されています。

f.縦方向

1.5.1(2)項と同様、印刷用紙の向きを縦・横に変更することができます。

g.用紙サイズ

文書ウィンドウで編集している用紙のサイズを設定します。通常は編集している用紙サイズと印刷用紙のサイズが同一ですが、拡大/縮小印刷を選ぶことで1ページ/枚で設定可能です。

h.余白

1.5.1(1)項と同様、ページレイアウトで余白の設定を変更することができます。

【例題 1.5.3：会社内コンペ募集書類④】

「会社内コンペ募集書類」を開いて、印刷のイメージを印刷プレビューで確認しましょう。次に、図1−49を参考にページ余白を設定し、ヘッダーを入力しましょう。完成したファイルは上書き保存しましょう。

＜操作手順＞

（印刷プレビュー）

①例題 1.4.7 で保存した「会社内コンペ募集書類」を開きます。

②[ファイル]−[印刷]をクリックして、「印刷」Backstage ビューを開きます。印刷の設定と印刷プレビューが表示されるので、印刷イメージを確認してください。確認を終えたら（戻る）をクリックして文書作成画面に戻ります。

（余白の設定とヘッダーの入力）

③[レイアウト]−[ページ設定]−　（余白）のメニューで「やや狭い」を選択します。

④[挿入]−[ヘッダーとフッター]−　（ヘッダー）のメニューから　（ヘッダーの編集）を選択します。すると、ヘッダーの編集モードになります。

⑤ヘッダーに、「書類番号 01」と入力します。

⑥入力した文字列を選択し、フォントを「游ゴシック Light」に、続けて「Arial」に変更し、フォントサイズを「9pt」に設定します。

⑦[ホーム]−[段落]− ▤ （右揃え）をクリックし、ヘッダーを右揃えにします。

⑧[デザイン]−[閉じる]− ☒ （ヘッダーとフッターを閉じる）をクリックし、文書ウィンドウに戻ります。

⑨印刷プレビューで用紙の余白やヘッダーの設定を確認しましょう。

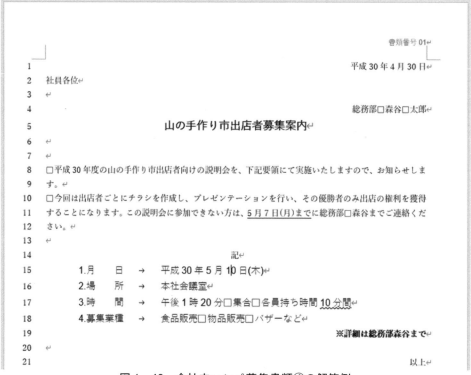

図1−49 会社内コンペ募集書類④の解答例

（文書の保存と終了）

⑩[ファイル]− 💾 （上書き保存）をクリックします。ファイル名「会社内コンペ募集書類」に上書き保存されます。

⑪タイトルバーの右端にある ☒ （閉じる）をクリックして Word を終了しましょう。

Seminar 1.5 1.10節のスタンダード課題で、課題1.10.4を作成しましょう。

《Word スタンダード編》
1.5 文書の印刷
1.6 図の挿入
1.7 表の作成と編集

1.6 図の挿入

Word にはポスターやチラシなどデザイン性のある文書を作成する機能も充実しています。文字だけの文書よりも図やイラストを組み合わせることで、視覚効果が高まります。また、スマートフォンの普及により、デジタル画像を利用することが当たり前になりました。Word では取り込んだ画像を利用することはもちろん、簡単な編集を行うこともできます。

本節では、オンライン画像（クリップアート）、図形（オートシェイプ）、テキストボックス、ワードアートの操作方法と、簡単な編集方法について説明します。

1.6.1 オンライン画像の挿入

オンライン画像を使って文書を装飾してみましょう。

Word ではオンライン画像（クリップアート）と呼ばれる無料イラストや写真をインターネットから利用することができます。簡略化したイラストや動物・人物のイラスト、季節のイラストなどが用意されています。目的に応じたオンライン画像を検索して利用しましょう。

(1)オンライン画像の挿入

文書内のオンライン画像を挿入したい場所にカーソルを置きます。そして、[挿入]－[図]－ （画像）－ （オンライン画像）をクリックすると、「オンライン画像」ダイアログボックスが表示されます。利用したいイラストのキーワード（たとえば「猫」など）を入力し、[Enter] を押します。すると、キーワードに関連するオンライン画像が表示されます（図1－50）。挿入したい画像を選択し、「挿入」をクリックすると、オンライン画像を挿入することができます。「Creative Commons のみ」のチェックを外すと、さらに多くの画像が表示されます。使用するには著作権などに配慮しましょう。

(2)オンライン画像のサイズ変更

挿入されたオンライン画像をクリックするとその画像がアクティブになり、画像の四隅や四辺の中央には ◯ （ハンドル）が表示され、併せて ⟳ （回転ハンドル）が表示されます。四隅のハンドルにポ

図1－50　オンライン画像の検索結果

インタを重ねると形状が ⬉⬊ あるいは ⬈⬋ に変化します。この状態でドラッグすると、縦横の比率を保ったまま、サイズを変更することができます。また、四辺の中央のハンドルにポインタを重ねると、形状が ⬅➡ あるいは ↕ に変化します。⬅➡ の状態でドラッグすると横比率を、↕ の状態でドラッグすると縦比率を変更することができます。↻ （回転ハンドル）にポインタを重ね、ドラッグすると画像が回転します。

(3)オンライン画像の削除

　削除したいオンライン画像をクリックして選択し、 Delete あるいは BackSpace を押すと削除できます。

(4)オンライン画像の配置

　挿入された直後のオンライン画像は、「行内」設定になっています。大きな文字が1つ挿入されたことと同様で、画像が周囲の文字より大きいと、画像の高さに合わせて行間が広がってしまいます。また、「行内」設定の画像は自由に移動させることができません。この設定を変更するには、オンライン画像を選択し、[図の形式]－[配置]－ ⌢ （文字列の折り返し）のメニュー（図1−51左）を利用します。 ⌢ （四角形）に変更すると、画像を移動させることができます。このとき、文字列は画像を回り込むような形（図1−51右）で表示されます。文字列の折り返しには、デフォルトの「行内」の他に、画像の幅と高さの周囲で文字が折り返される「四角形」、画像の左右に文字が配置されない「上下」、画像の輪郭を決める「折り返し点の編集」、本文の後ろに画像を配置する「背面」、前面に画像を配置する「前面」があります。

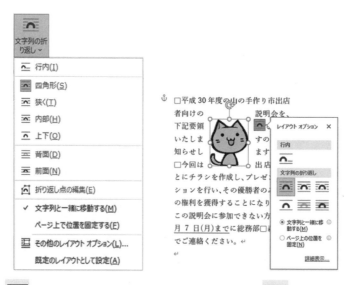

図1−51　⌢ （文字列の折り返し）のメニュー（左）と、⌢ （四角形）の例（右）

1.6.2 図形の挿入

W さまざまな図形の効果的な活用方法について理解しましょう。

　Word の文書には、図形を配置することもできます。図形は直線や四角、円といった基本図形の他に、リボンや星、吹き出しなどさまざまな図形が用意されています。こうした図形を活用して地図の作成やポスターに図形を使うことができます。ここでは、図形の挿入方法と簡単な編集方法について説明します。

(1)図形の挿入（直線・正方形）・削除

　[挿入]−[図]− （図形）をクリックするとメニュー（図 1−52）が開きます。目的に応じた図形を選択するとポインタが ┼ に変わり、文書ウィンドウ上でドラッグして図形を描くことができます。

a.直線

　[挿入]−[図]− （図形）をクリックし、[線]にある[直線]をクリックします。ドラッグして直線を描きます。なお、 Shift を押しながらドラッグすると、水平や垂直の線が描けます。

b.正方形/長方形

　[挿入]−[図]− （図形）をクリックし、[四角形]にある[正方形/長方形]をクリックします。斜めにドラッグして長方形を描きます。なお、 Shift を押しながらドラッグすると、正方形が描けます。

c.削除

　挿入した図形を削除するには、図形をクリックして選択し、 Delete で削除します。

図 1−52 　（図形）のメニュー

(2)図形のサイズの変更・回転

　挿入された図形をクリックして選択すると、図の四隅と四辺の中央には ◯ （ハンドル）が表示されます。四隅のハンドルにポインタを重ねると形状が に、四辺の中央のハンドルにポインタを重ねると ⟷ に変化するので、その状態でドラッグすると、図のサイズを調整することができます。

　 Ctrl キーを押しながらハンドルをドラッグすると、図の中央が基点となって、図形の拡大/縮

小ができ、[Shift]キーを押しながら四隅のハンドルをドラッグすると、図形の縦横比が固定されたまま拡大/縮小ができます。

　図形によっては⟳（回転ハンドル）が表示される場合もあります。回転ハンドルにポインタを重ねてドラッグすると、図形の回転ができます。

(3)図形の書式設定

　図形をクリックして選択すると、リボンに[図形の書式]コンテキストタブが表示されます（図1−53）。図形は、あらかじめ枠線の色と太さ、図形の色が設定されています。図形の色を変更するには、[図形の書式]−[図形のスタイル]−⬥（図形の塗りつぶし）のメニュー（図1−54左）を用います。メニューの各色にポインタを置くと、図に反映された結果がプレビューできます。メニューに表示されているカラーパターン以外の色を選択したい場合は、🎨（塗りつぶしの色）をクリックして、表示されるパレットから選択します。また、背景の文字や図を透過させたいときは、□（塗りつぶしなし）を選択します。

図1−53　[図形の書式]コンテキストタブ

　図形の枠線の色やスタイルを変更するには、[図形の書式]−[図形のスタイル]−✎（図形の枠線）のメニュー（図1−54右）から任意のカラーパターンをクリックします。メニューに表示されている色や線の太さ、線の種類にポインタを置くと、図に反映されて結果がプレビューできます。線の太さを変更したい場合は▤（太さ）から、線種を変更したい場合は⋯（実線/点線）から設定します。図形の枠線を見えなくしたい場合は、□（枠線なし）を選択します。

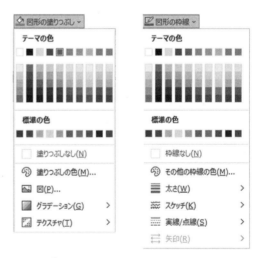

図1−54　⬥（図形の塗りつぶし）のメニュー（左）と✎（図形の枠線）のメニュー（右）

(4)図形内へのテキストの追加

　図形を塗りつぶすなどの書式の変更の他に、図形にテキスト（文字）を挿入することもでき

ます。図形と文字を組み合わせることで、さらに視認性に富んだデザインを作成することができるようになります。

　図形内にテキストを追加するには、その図形を選択し、そのまま文字をタイピングして入力します。また、[図形の書式]−[テキスト]−![（文字の配置）から図形内に配置する文字の位置を「上揃え」「上下中央揃え」「下揃え」から選択できます。また、図形を選択し、右クリックで表示されるメニューの![（テキストの編集）を選ぶことでも入力できます。なお、テキストを挿入した図形は、「テキストボックス」（1.6.3 項）同様に文字書式の変更（1.4.4 項）ができます。

(5)図形の順序の変更

　複数の図形を描き、重なるように移動させると、新しく描いた図形が前に描いた図形の手前に重なります。その図形の重なり方を変更するには、対象とする図形を選択し、[図形の書式]−[配置]−![（前面へ移動）を選択します。すると選択した図形の重なりが一段階前になります。[図形の書式]−[配置]−![（背面へ移動）を選択すると、選択した図形の重なりが一段階後ろになります。

(6)グループ化

　複数の図形を操作する場合、「グループ化」することで1つの図形のように扱い、移動やサイズの変更をまとめて行うことが可能になります。

　複数の図形を選択するには、1つ目の図形は普通にクリックし、2つ目以降の図形を![を押しながらクリックします。その際、ポインタが![となる位置でクリックします。グループ化を実行するには、複数の図形を選択して、[図形の書式]−[配置]−![（グループ化）をクリックして開くメニューで![（グループ化）をクリックします。

　グループ化した図形は、グループを解除することで、個別の図形に戻すことができます。グループ化した図形を選択し、[図形の書式]−[配置]−![（グループ化)−![（グループ解除）をクリックすると、グループが解除されます。

1.6.3　テキストボックスの挿入

W テキストボックスで任意の位置に文字を挿入する方法について理解しましょう。

　図形と文字を組み合わせた文書を作成する場合は「テキストボックス」を用いることで、図の任意の場所に文字を配置することが容易にできます。「テキストボックス」はさまざまな種類が用意されていますが、本項では「横書きテキストボックス」を使った方法を説明します。

(1)テキストボックスの挿入

テキストボックスを挿入したいページで、[挿入]−[テキスト]−A（テキストボックス）を選択します。すると、A（テキストボックス）のメニュー（図1−55）が開きます。「横書きテキストボックスの描画」を選択し、図形の長方形と同じようにドラッグしてテキストボックスを描きます（[挿入]−[図形]−A（テキストボックス）も使用できます）。テキストボックス内にはカーソルが表示されているので、文字列を入力することができます。

(2)テキストボックスのサイズの変更

オンライン画像や図形と同様に、テキストボックスのサイズを変更することができます。テキストボックスを選択すると、四隅と四辺の中央には□（ハンドル）が表示されます。四隅のハンドルにポインタを重ねると形状が に、四辺の中央のハンドルにポインタを重ねると に変化します。その状態でドラッグすると、テキストボックスのサイズを調整することができます。

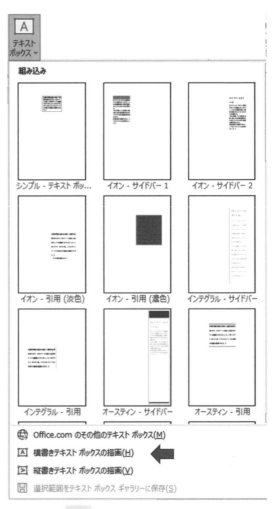

図1−55 A（テキストボックス）のメニュー

(3)テキストボックスの書式設定

デフォルトでは、テキストボックスは黒の枠線、塗りつぶしは白色、文字列の折り返しは「前面」に設定されています。用途に応じて、テキストボックスの背景の色や枠線の色、種類を変更することができます。挿入したテキストボックスをクリックすると、[図形の書式]コンテキストタブ（図1−56）が表示されます。テキストボックスの設定は図形と同様です。また、文字だけを図の中に配置したいときは枠線を「枠線なし」、図形の塗りつぶしを「塗りつぶしなし」にすることで、背景が透過し、文字だけが配置されているように見えます。

図1−56　テキストボックスの[書式]コンテキストタブ

テキストボックスに挿入された文字の配置位置も変更することができます。[図形の書式]−[図形のスタイル]−⛶（ダイアログボックス起動ツール）をクリックするとアプリケーションウィンドウの右に「図形の書式設定」作業ウィンドウ（図1−57）が表示されます。「文字のオプション」−「レイアウトとプロパティ」−「テキストボックス」で、テキストボックス内部のレイアウトが調整できます。「垂直方向の配置」でテキストボックス内の垂直位置の文字の配置を変更できます。

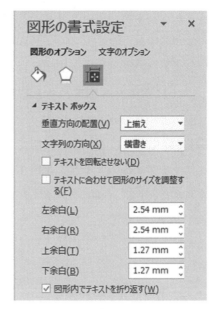

図1−57　「図形の書式設定」作業ウィンドウ

1.6.4　ワードアート

> W　ワードアートを用いて、インパクトのある文字を作成しましょう。

特殊な装飾文字のことをワードアートと呼びます。影付きテキストや鏡像効果のあるテキストなど、任意の文字を印象的なスタイルに変更することができます。タイトルの文字にワードアートを用いることで、見栄えの良い文書にすることができます。

(1)ワードアートの挿入

[挿入]−[テキスト]−🅰（ワードアート）をクリックして開くメニュー（図1−58）から任意のスタイルをクリックすると、文書内にワードアートが挿入されます。「ここに文字を入力」（図1−59）の部分にワードアートを適用したい文字を入力します。また、先に文字を入力し、文字列を選択してからワードアートのデザインを適用することもできます。

ワードアートに文字を入力した段階で 1.4.4 節の書式の変更が行えます。ワードアートの文字を選択し、「フォント」「フォントサイズ」や **B**（太字）・**I**（斜体）を選択して、「OK」ボタンをクリックします。なお、ワードアートの文字すべてを選択する場合はワードアートの枠線をクリックします。一部の文字だけ書式を変更する場合は、その文字列だけをドラッグし

て選択します。

(2)ワードアートのサイズ変更・回転

　挿入されたワードアートをクリックして選択すると、点線で囲まれ、ワードアートの四隅と四辺の中央には ◯ （ハンドル）が表示されます。四隅のハンドルにポインタを重ねると形状が ⤢ に、四辺の中央のハンドルにポインタを重ねると ⟷ に変化するので、その状態でドラッグすると、ワードアートのサイズを調整することができます。また、 ⟳ （回転ハンドル）にポインタを重ねてドラッグすると、ワードアートの回転ができます。

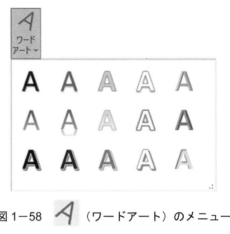

図1-58　  （ワードアート）のメニュー

図1-59　ワードアート
「ここに文字を入力」

(3)ワードアートのスタイル変更

　挿入されたワードアートの文字やスタイルを変更することができます。ワードアートをクリックして選択すると、[図形の書式]コンテキストタブが表示されます。入力した文字を縦書きにしたり、テキストボックス内の配置を変更したりすることができます。

　ワードアートのスタイルを変更するには、ワードアート全体を選択してから、[図形の書式]-[ワードアートのスタイル]-「クイックスタイル」で表示されている一覧からクリックして簡単に変更ができます。また、文字の塗りつぶしや線の色も個別に設定を変更することが可能です。

　その他のワードアートのスタイル変更として、[図形の書式]-[ワードアートのスタイル]- 🅰 （文字の効果）（図1-60左）があります。この中の、影効果と変形について説明します。

　影効果を設定することで、文字をより立体的に見せることができます。影効果の設定は、[図形の書式]-[ワードアートのスタイル]- 🅰 （文字の効果）-[影]のメニュー（図1-60中央）で行います。影の各パターンにポインタを置くと、効果がプレビューできます。

　変形を設定すると、文字を円形に表示したり波型に表示したりすることができます。変形の設定は、[文字の書式]-[ワードアートのスタイル]- 🅰 （文字の効果）-[変形]のメニュー（図1-60右）で行います。なお、変形は文字単位の設定ではなく、ワードアート全体に適用されます。

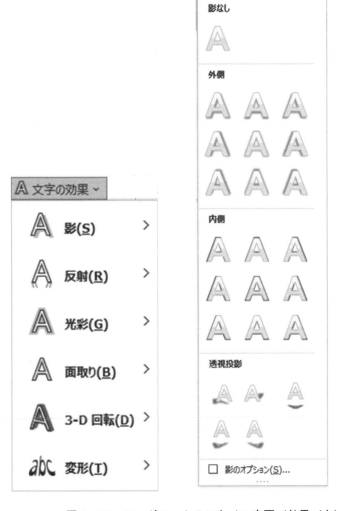

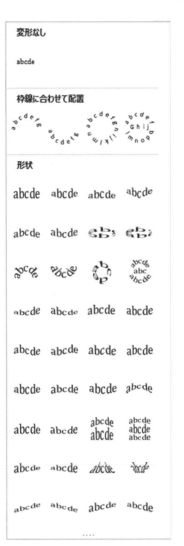

図1−60　ワードアートのスタイル変更（効果（左）・影（中央）・変形（右））

【例題 1.6.4：会社内コンペ募集書類⑤】

　　「会社内コンペ募集書類」を開いて、図 1−61 を参考に、ワードアート、オンライン画像を配置しましょう。完成した文書は、上書き保存をしましょう。

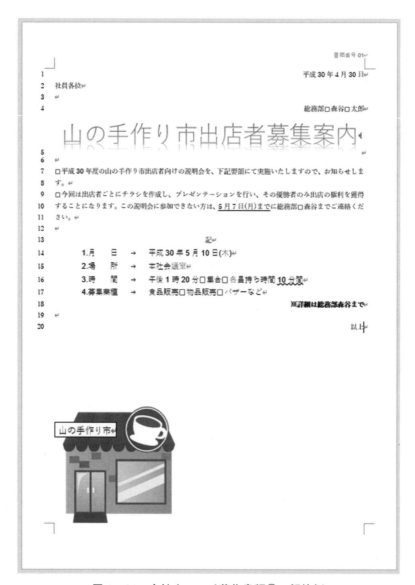

図 1−61　会社内コンペ募集書類⑤の解答例

＜操作手順＞

（ワードアート）

　①例題 1.5.3 で保存した「会社内コンペ募集書類」を開きます。

　②タイトルをワードアートに変更します。5 行目の「山の手作り市出店者募集案内」を選択

します。[挿入]－[テキスト]－ （ワードアート）のメニューで、上から2段目で左から2つ目の「塗りつぶし(グラデーション):青、アクセントカラー5、反射」をクリックします。

③この状態では、ワードアートの文字列の折り返しが「四角形」になっています。ワードアートの右に表示される「レイアウトオプション」をクリックして、文字列の折り返しを「行内」に変更します。

④ワードアートのテキストボックスの外側にある段落の改行マークのところで、[ホーム]－[段落]－ （中央揃え）をクリックして、ワードアートが中央に表示されるようにします。

（オンライン画像）

⑤地図のアウトラインを作成します。[挿入]－[画像]－ （オンライン画像）で、「お店」等をキーワードに検索し、ふさわしいイラストを挿入します。

⑥オンライン画像が元の文章に影響しないよう文字列の折り返しを「前面」にし、サイズを変更して配置します。

（テキストボックスの挿入）

⑦[挿入]－[テキスト]－ (テキストボックス)を利用してテキストボックスを作成します。「山の手作り市」と入力し、「游ゴシック Light」の「14pt」に設定してください。

⑧「図形の書式設定」（図 1−57 参照）で上下左右の余白を「0mm」にしておきましょう。

⑨テキストボックス内の文字は、中央揃えにしてください。また[図形の書式]－[テキスト]－ （文字の配置）で上下中央揃えにしてください。

⑩テキストボックスのハンドルを操作して、余白が大きくなりすぎないようにサイズを調整してください。

⑪テキストボックスはオンライン画像に重ねて配置し、オンライン画像とグループ化します。

⑫[図形の書式]－[配置]－ （配置）で、「左揃え」「下揃え」を利用して、用紙の余白の内側で左下に配置します。

（文書の保存と終了）

⑬ファイル名「会社内コンペ募集書類」に上書き保存されます。

⑭タイトルバーの右端にある （閉じる）をクリックして Word を終了しましょう。

Seminar 1.6 1.10 節のスタンダード課題で、課題 1.10.5-1、課題 1.10.5-2 を作成しましょう。

《Word スタンダード編》
| 1.5 文書の印刷 |
| 1.6 図の挿入 |
| 1.7 表の作成と編集 |

1.7 表の作成と編集

　文書を作成するとき、文章で説明するよりも箇条書きにした方がわかりやすくなります。また、単に箇条書きにするよりも表にした方がさらにわかりやすいものとなります。本節では、表の作成と編集について説明します。

1.7.1　表の挿入と文字入力

W 　文書への表の挿入方法について理解しましょう。

(1)表の挿入

　[挿入]－[表]－▦（表）をクリックすると、列数や行数を指定するメニュー（図1−62左）が表示され、表を文書ウィンドウに挿入することができます（図1−62左では、3行×4列が選択されています）。作成したい行数と列数のところをクリックして、表を挿入します。

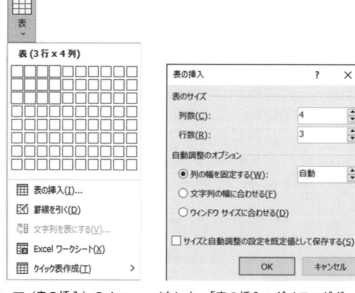

図1−62　▦（表の挿入）のメニュー（左）と、「表の挿入」ダイアログボックス（右）

　マス目からは最大で 8 行 10 列の表しか作成できません。それ以上の行列数の表を作成するには、▦（表）のメニュー（図1−62左）の▦（表の挿入）をクリックして開く「表の挿入」ダイアログボックス（図1−62右）を利用します。このダイアログボックスで行列数を指定し、「OK」ボタンをクリックすると指定した行列数の表が挿入できます。

(2)セル内への文字の入力

　表の各マス目のことをセルと呼びます。セル内をクリックしてカーソルを表示させると文字を入力することができます。セルにカーソルがある状態で `Tab` を押すと、右のセルへカーソルが移動します。一番右のセルで `Tab` を押した場合は、次の行の最左列にカーソルが移動します。`Shift` ＋ `Tab` を押せば、その逆順でカーソルが移動します。この操作は、セル内に続けて文字を入力するときに便利でしょう。なお、カーソルは ↑ ↓ ← → でも次のセルへ移動することができます。

1.7.2　列の幅、行の高さの変更

W　列の幅や行の高さを変え、表の加工をしましょう。

　表の挿入で表を作成すると、すべて同じ列の幅（列数／ページ幅）、行の高さ（1行分）となっています。セル内に入力する文字数に合わせて行や列の幅を調整した方が見やすくなります。
　ここでは、列の幅や行の高さを変更し、表のレイアウトを整える方法について説明します。

(1)表・行・列・セルの選択

　表のレイアウトを整える場合、1つのセルを対象とするのか、行全体を対象とするのか、列全体を対象とするのか、あるいは表全体を対象とするのか、明確に指示することが大切です。

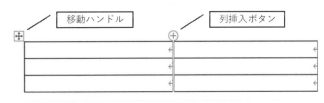

図1−63　表内の列挿入ボタンと移動ハンドル

　縦罫線の上側や横罫線の左側にマウスポインタを合わせると、⊕ が表示されます。⊕ をクリックすると、その位置に列や行を挿入（1.7.3項参照）することができます。
　表内にポインタを置くと ✛ （移動ハンドル）が表示されます。この移動ハンドルをクリックすると表全体を選択することができます。なお、表以外のところでクリックすると、選択は解除されます。［レイアウト］−［表］− ↖ （選択）のメニューでも選択できます。

(2)列の幅の変更

　縦の罫線にポインタを合わせると ✛ になり、左右にドラッグして列の幅を調節できます。なお、✛ をダブルクリックすると、文字数に応じて自動的に列幅が調整されます。

(3)行の高さの変更

　横の罫線にポインタを合わせると ✛ に変わり、上下にドラッグして行の高さを調整できます。

(4)数値による列幅と行の高さの指定

　列幅や行の高さを mm 単位で設定することができます。[レイアウト]ー[セルのサイズ]ー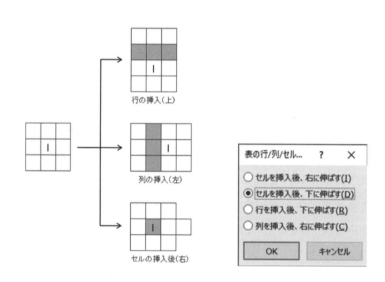（高さ）と（幅）で設定します。

(5)列の幅と行の高さを揃える

　複数の列を同じ幅に揃えたり、行を同じ高さに揃えたりする場合、単に同じ幅や同じ高さに揃えるだけであれば、簡単な操作で行うことができます。列幅を揃えたい複数の列を選択し、[レイアウト]ー[セルのサイズ]ー（幅を揃える）をクリックします。すると、異なる列の幅が平均化され、同じ列幅に揃います。同様に、複数の行を選択し、[レイアウト]ー[セルのサイズ]ー（高さを揃える）をクリックすると、行の高さが均等になります。

1.7.3　行・列・セルの追加・削除

W｜表の行と列の追加・削除について学びましょう。

　表に行や列、あるいはセルを追加したり、削除したりすることができます。ここでは、行・列・セルの追加および削除の方法について説明します。

(1)行・列・セルの追加

　表内にカーソルを置き、横の罫線の左、縦の罫線の上にポインタを近づけると⊕が表示されます。この⊕をクリックすると、行や列が追加されます。[レイアウト]ー[行と列]から上/下に行を挿入、左/右に列を挿入することもできます。

　セルのみ挿入する場合には、[レイアウト]ー[行と列]の （ダイアログボックス起動ツール）をクリックします。すると、「表の行/列/セルの挿入」ダイアログボックス（図1ー64右）が開くので、セルの挿入後の扱い方を指定して「**OK**」ボタンをクリックします。

図1ー64　行・列・セルの追加のイメージ（左）と、「表の行/列/セルの挿入」ダイアログボックス（右）

(2)行・列・セル・表の削除

　行・列・セルを削除する場合、削除したいセルにカーソルを置き、［レイアウト］－［行と列］－ 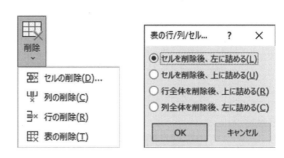（削除）のメニュー（図1−65左）を表示します。

　このメニューから （列の削除）を クリックすればカーソルの置かれてい る列が、 （行の削除）を選択すれば その行が削除されます。 （セルの削 除）は、図1−65右の[表の行/列/セル の削除]ダイアログボックスで、セルが 削除された後、その隙間を周りのセル がどのように詰めるかを選択し、「OK」 ボタンをクリックします。

図1−65　行・列・セルの削除のメニュー（左）と、セルの削除を選択したときのメニュー（右）

　表の削除をする場合は、表の中にカーソルを置き、［レイアウト］－ （削除）のメニュー （図1−65左）から （表の削除）をクリックするか、表内にポインタを置くと表示される （移動ハンドル）をクリックして表全体を選択した状態で、 BackSpace （バックスペースキー ）を押すと削除できます。

【例題 1.7.3：会社内コンペ募集書類⑥】

　　　　例題 1.6.4 の「会社内コンペ募集書類」を開いて、図1−66を参考に表を挿入しましょう。完成した文書は、上書き保存しましょう。

＜操作手順＞

（表の挿入）

①例題 1.6.4 で作成した「会社内コンペ募集書類」を開きます。

②20行目に［挿入］－［表］－ （表の挿入）で2行3列の表を挿入します。

（行の挿入と文字の入力）

③表内の横罫線の左側にポインタを合わせ、 をクリックして1行追加し、3行3列の表 にします。そして、図1−66を参照し表内に文字を入力します。

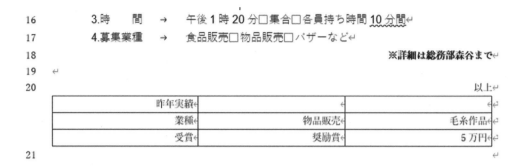

16	3.時　　間	→	午後1時20分□集合□各員持ち時間10分間↵
17	4.募集業種	→	食品販売□物品販売□バザーなど↵
18			※詳細は総務部森谷まで↵
19	↵		
20			以上↵

昨年実績		
業種	物品販売	毛糸作品
受賞	奨励賞	5万円

| 21 | | | | ↵ |

図1-66　会社内コンペ募集書類⑥の解答例

（文書の保存と終了）

④クイックアクセスツールバーの　（上書き保存）をクリックします。ファイル名「会社内コンペ募集書類」に上書き保存されます。

⑤タイトルバーの右端にある　（閉じる）をクリックしてWordを終了しましょう。

1.7.4　セルの結合と分割

複数のセルを1つにまとめたり、1つのセルを複数に分割してみましょう。

複数のセルを1つにまとめたり、1つのセルを上下や左右に分割したりすることができます。前者を「セルの結合」、後者を「セルの分割」と呼びます。

(1)セルの結合

結合する複数のセルをドラッグで選択します。そして[レイアウト]−[結合]−　（セルの結合）をクリックします。セルは上下、左右に並ぶセルを結合することが可能です。

(2)セルの分割

分割するセルをクリックで選択します。そして[レイアウト]−[結合]−　（セルの分割）をクリックします。すると「セルの分割」ダイアログボックス（図1-67）が表示されます。セルを上下に分割するときは行数を増やし、左右に分割するときは列数を増やします。

図1-67　「セルの分割」
ダイアログボックス

1.7.5 表の罫線の変更

W　表の罫線と線の太さを変え、表の加工の方法を理解しましょう。

　表の枠線のことを罫線といい、デフォルトでは、黒色の実線が罫線です。罫線の種類を変えることで表の印象は変わります。ここでは、線の種類と太さの変更について説明します。また、1.7.1 項で列数や行数を指定して表を作成する方法を紹介しましたが、罫線を引く機能で、鉛筆で描くように表を作成することもできます。

(1)コマンドボタンを使った線の種類の変更

　表の中にカーソルを置き、[テーブルデザイン]－[飾り枠]にある ┃───────── ･┃（ペンのスタイル）、┃ 0.5 pt ───── ･┃（ペンの太さ）、🖊（ペンの色）のメニューから好みの線種を設定します。ポインタが ✏ に変わっているので、変更したい線の上でクリックするか、ドラッグで線をなぞると、線種が変更されます。罫線機能を解除したいときは、[テーブルデザイン]－[飾り枠]－ ▦✏（罫線の書式設定）をクリックし通常のポインタに戻します。

(2)「線種とページ罫線と網かけの設定」ダイアログボックスを使った線の種類の変更

　線の種類を変更したい箇所（表全体、列、行、セル）を選択します。そして、[テーブルデザイン]－[飾り枠]－ ↘（ダイアログボックス起動ツール）をクリックすると、「線種とページ罫

線と網かけの設定」ダイアログボックス（図 1－68）が表示されます。このダイアログボックスの[罫線]タブをクリックし、「種類」や「色」や「線の太さ」のメニューから線種を設定します。そして、「プレビュー」にある線をそれぞれクリックしてどの罫線を変更するか選択します。最後に「OK」ボタンをクリックすれば、線の種類が変更されます。

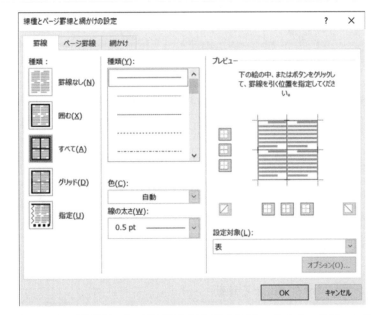

図 1－68　「線種とページ罫線と網かけの設定」ダイアログボックス

1.7.6　セル内の文字の位置と縦書き

W セル内の文字位置を変え、表のレイアウトを整えましょう。

　列の幅や行の高さ、あるいはセルの結合によってセルの幅や高さが広がると、文字の配置のバランスが悪い場合があります。そこで、文字位置を調整することで、表の体裁を整えることができます。ここではセルの文字位置を変更する方法について説明します。

(1)セル内の文字の位置

表 1 − 13　セル内の文字位置を設定するアイコン

	水平位置		
垂直位置	左	中央	右
上	▤	▤	▤
中央	▤	▤	▤
下	▤	▤	▤

　まず、文字位置を変更したいセルを選択します。そして、［レイアウト］−［配置］グループの左側にある 9 つのアイコン（表 1 − 13）をクリックすると、文字位置を変更することができます。なお、表を挿入した段階は、▤（上揃え（左））となっています。

(2)セル内の文字の縦書き

　文字を縦書きにしたいセルを選択します。そして、［レイアウト］−［配置］− A→（文字列の方向）を選択すると、アイコンが ↓↓A に変わり、セル内の文字が縦書きになります。

1.7.7　表の配置

W 表の配置の設定を理解しましょう。

　効果的に表を配置するために、周囲の文字とのバランスも考えなくてはなりません。ここでは表の移動方法と、文字列の折り返しの設定方法について説明します。

(1)マウスによる移動

　カーソルを表内に置くと表の左上に表示される ✛（移動ハンドル）で表を移動することができます。移動ハンドルをドラッグすると、表は指定の場所に移動することができます。任意の場所に表を配置することができます。

(2)コマンドボタンによる移動

　カーソルが表内にある状態で、［レイアウト］−［表］− ▦（プロパティ）をクリックすると、「表のプロパティ」ダイアログボックス（図 1 − 69）が表示されます。「配置」を ▦（左揃え）、

（中央揃え）、　（右揃え）の
3 種類から選択し、「OK」ボタンを
クリックして表の配置を変更するこ
とができます。

(3)文字列の折り返し

　表の左右にスペースがあった場
合、そこに文字を回り込むようにす
るかどうかを設定できます。表の左
右に文字を配置しないのであれば、
「文字列の折り返し」は「なし」に
しましょう。

図1-69　「表のプロパティ」ダイアログボックス

【例題 1.7.7：会社内コンペ募集書類⑦】

　　　「会社内コンペ募集書類」を開いて、図1-70を参考に、表を指定の位置に配置し
ましょう。完成した文書は、上書き保存をしましょう。

16	3.時　　間　→	午後 1 時 20 分□集合□各員持ち時間 10 分間↵
17	4.募集業種　→	食品販売□物品販売□バザーなど↵
18		※詳細は総務部森谷まで↵
19	↵	
20		以上

昨年実績↵		
業種↵	物品販売↵	毛糸作品↵
受賞↵	奨励賞↵	5 万円↵

21

図1-70　会社内コンペ募集書類⑦の解答例

＜操作手順＞

（表のサイズ変更と移動、文字の配置）

①例題 1.7.3 で保存した「会社内コンペ募集書類」を開き、［レイアウト］－［セルのサイズ］－
（列の幅の設定）で、表の各列の幅を変更します。1 列目・3 列目の幅を 20mm、2 列
目の幅を 40mm にします。1〜3 行目は、高さを 12mm にします。

②表内にカーソルを置き、［レイアウト］－［表］－（プロパティ）で（右揃え）を選択
します。

③各セルの文字の配置を上下左右とも中央に変更します。全セルを選択し、［レイアウト］－
［配置］－（中央揃え）をクリックします。

（罫線と塗りつぶし、文書の保存と終了）

④表内にカーソルを置き、［テーブルデザイン］－［飾り枠］－［ペンの太さ］をクリックし、1.5pt
に変更します。表の外枠の線を 1.5pt に変更します。

⑤［テーブルデザイン］－［飾り枠］で「ペンのスタイル」を二重線に変更します。ペンの太さは
自動的に 0.5pt に戻っています。1 行目と 2 行目の間の線を二重線に変更します。

⑥1 行目のセルを選択します。［テーブルデザイン］－［表のスタイル］－（塗りつぶし）で
セルの色を「白、背景 1、黒＋基本色 15%」のグレーに塗りつぶします。

（セルの結合、文書の保存と終了）

⑦1 行目の 3 つのセルを選択し、［レイアウト］－［結合］－（セルの結合）で 1 つのセルに
します。

⑧クイックアクセスツールバーの（上書き保存）をクリックします。ファイル名「会社
内コンペ募集書類」に上書き保存されます。Word を終了しましょう。

Seminar 1.7　1.10 節のスタンダード課題で、課題 1.10.6 を作成しましょう。

1.8 便利な編集機能の活用

　Word に用意されている機能を使い、より簡単に、しかも便利に文書の一部や文書全体を編集する方法について説明します。社会ではビジネス文書以外にも報告書や履歴書など一定の書式の文書を利用する機会があります。文書を最初から作成するのではなく、ひな形として用意されているさまざまなテンプレートを利用することができます。また、箇条書きや段落番号の挿入、行・段落間隔の調整などの機能を使用することもできます。このような機能を理解することによって、全体のバランスやデザインが整った文書が効率よく作成できるようになります。

1.8.1　テンプレート

W　テンプレートを利用する方法を理解しましょう。

　Word には、あらかじめさまざまな種類のテンプレートが用意されています。テンプレートには、企画書や報告書などビジネス分野で利用できるものから、メモや論文など個人での利用にも便利なものがあります。

　テンプレートには Word にあらかじめインストールされているものと、インターネットを検索して利用できるものの 2 種類があります。[ファイル]－[新規]－「新規」Backstage ビューで表示されているテンプレートから利用したいものをクリックすると、拡大表示されます。利用したいテンプレートであれば（作成）をクリックします。すると、テンプレートが適用された新しい文書が開きます。その後は、その文書に必要事項を入力したり、保存したりと、通常の Word 文書と同様に扱うことができます。

　インターネットに繋がっていると、「新規」Backstage ビューの「検索」テキストボックスが利用できます。

図1-71　使用できるテンプレート

1.8.2　箇条書きと段落番号

W｜箇条書きと段落番号を挿入する方法を理解しましょう。

文章を箇条書きにするとき、行頭文字として●や□などの記号、①や1.などの段落番号を利用することができます。段落番号は連続した数字が自動的に挿入されるので、後から段落を追加したり、削除したりする場合に便利です。箇条書き、段落番号の入力は段落単位で行います。

(1)箇条書き

対象の文字列を選択し、[ホーム]－[段落]－ ：（箇条書き）をクリックすると、行頭には行頭文字の●が挿入されます。また、 （箇条書き）のメニュー（図1－72上）では、行頭文字の種類を変更することができます。

箇条書きを解除する場合は、対象の段落を範囲指定してから、 （箇条書き）をクリックします。

(2)段落番号

段落番号を挿入するには[ホーム]－[段落]－ （段落番号）を利用します。あらかじめ入力しておいた文字列を選択してから、 （段落番号）をクリックする方法で段落番号が挿入されます。 （段落番号）のメニュー（図1－72下）では、段落

図1－72　 （箇条書き）のメニュー（上）と （段落番号）のメニュー（下）

番号の書式を変更することができます。段落番号を解除したいときは、解除したい段落を範囲指定してから、 （段落番号）をクリックします。

【例題 1.8.2：会社内コンペチラシ①】

　　　テンプレートの「春のイベント用チラシ」を使用して、コンペ用チラシを作成します。図1－73を参考に、ファイル名を「会社内コンペチラシ」で保存してください。

図1－73　「春のイベント用チラシ」テンプレート（左）と会社内コンペチラシ①の完成例（右）

＜操作手順＞

（テンプレートの使用）

①[ファイル]－[新規]－「新規」Backstage ビューを開き、「オンライン テンプレートの検索」で「春のイベント用チラシ」を検索し、 ボタンを押してテンプレートを開きます。

②テンプレートに文字を入力していきます。最初に表示されている文字に上書きしていきます。各パーツを次のように変更していきます。

　　[イベントの紹介] ……………………「会社内コンペ」

　　[イベントのタイトル] ………………「山の手作り市」

　　[イベントのサブタイトル] …………「手作り柚子パイの販売」

　　[日付] …………………………………「13:00～15:00」

[時刻] ……………………………「平成 30 年 5 月 10 日」

[場所] ……………………………「本社会議室にて」

[郵便番号、都道府県、・・・] ……「(3 号館 8 階)」

[連絡先の詳細] …………………「お問い合わせ先:」

[連絡先名] ………………………「土佐知高」

[電話番号] ………………………「090-2030-203X」

[プレースホルダーのテキスト]…

手作り市にて、現地の特産品である柚子を用いたパイを販売する。パイは比較的常温保存が可能なため、事前に調理して準備しておくことができる。トッピングには生クリームを考える。原価率はおよそ 10％である。

現地ではドリンクとして、紅茶も販売する予定である。紅茶提供用にガスコンロを1 口用意する必要がある。

（文書の保存と終了）

③名前を付けて保存で、ファイル名を「会社内コンペチラシ」として保存してください。

④タイトルバーの右端にある ✕ （閉じる）をクリックして Word を終了しましょう。

Seminar 1.8　1.11 節のアドバンスト課題で、課題 1.11.1 を作成しましょう。

1.9 高度な編集機能の活用

本節では少し工夫を凝らしたデザインの文書作成に必要な機能について説明します。これらの機能を利用すると、より高度な編集ができるようになります。

1.9.1 段落罫線とページ罫線

W 段落とページの周りに罫線を引きましょう。

入力した文字列を段落単位、あるいはページ全体を罫線で囲むことができます。罫線で囲むことによって、段落の文字やページのレイアウトがより印象的になります。ページ罫線では絵柄を使用することもできます。

(1)段落罫線

ひとつの段落、あるいは複数の段落を罫線で囲むことができます。また、罫線を引く位置を設定することによって、水平線を挿入することもできます。

最初に罫線で囲む段落の範囲を選択します。次に、[ホーム]－[段落]－ （罫線）をクリックしてメニューを表示します。メニューの一番下にある （線種とページ罫線と網かけの設定）をクリックしま

図1-74 「線種とページ罫線と網かけの設定」ダイアログボックス

す。「線種とページ罫線と網かけの設定」ダイアログボックス（図1-74）が開くので、[罫線]タブをクリックします。設定対象が「段落」となっていることを確認し、「(囲み方の) 種類」「(線の) 種類」「色」「線の太さ」を設定します。変更した設定はプレビューで確認することができます。

(2)ページ罫線

　ページ全体を罫線で囲むことができます。ページ全体に対して効果を及ぼすので、範囲指定は必要ありません。

　[デザイン]－[ページの背景]－ □ （ページ罫線）をクリックすると「線種とページ罫線と網かけの設定」ダイアログボックス（図1−75）の[ページ罫線]タブが開きます。「（囲み方の）種類」「（線の）種類」「色」「線の太さ」「絵柄」を設定します。変更した設定はプレビューで確認することができます。「絵柄」を利用すると、チラシなどの文書に印象的な効果を与えることができます。

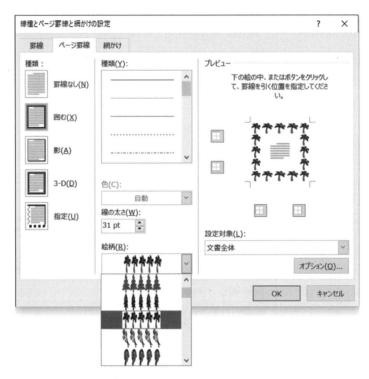

図1−75　「線種とページ罫線と網かけの設定」ダイアログボックス（ページ罫線）

1.9.2　画像ファイルと SmartArt

> W　画像ファイルとSmartArtの利用方法を理解しましょう。

　デジタルカメラが広く普及したことにより、写真は簡単に利用できるようになりました。デジタルカメラの写真や、スキャナーで取り込んだイラストなどは、画像ファイルとして利用することができます。また、画像編集ソフトを使わなくても、Word で簡単に画像にさまざまな効果を付けることができます。

　SmartArt の利用方法についても説明します。SmartArt はリストや組織図を作る場合に必

要なテキストと画像パー
ツを組み合わせたものです。画像や SmartArt を使用することで、より文書の視覚的表現が豊かになります。

図1－76　「図の挿入」ダイアログボックス

(1)画像の挿入

　あらかじめコンピューターに保存されている画像を文書に利用すること

ができます。Word の文書内で画像を挿入したいところにカーソルを置き、[挿入]－[図]－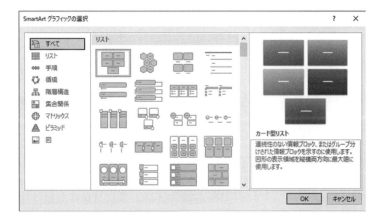（画像）－（このデバイス）をクリックします。「図の挿入」ダイアログボックス（図1－76）が開くので、利用したい画像をフォルダから選択して「挿入」をクリックします。

　挿入した図は、[図の形式]のメニューで編集することができます。

(2)SmartArt

　SmartArt は組織図やチャート図を作る機能です。SmartArt を利用するには、SmartArt を挿入したいところにカーソルを置き、[挿入]－[図]－（SmartArt）をクリックします。「SmartArt グラフィックの選択」ダイアログボックス（図1－77）が開くので、利用したい SmartArt をメニューから選択して、「OK」ボタンをクリックします。挿入された SmartArt は

種類によってテキストを入力したり画像を挿入したりすることができます。SmartArt の編集は図形とほぼ同様の操作です。

図1－77　「SmartArt グラフィックの選択」ダイアログボックス

【例題 1.9.2：会社内コンペチラシ②】

　　　「会社内コンペチラシ」を開いて、図1－78 を参考に

ページ罫線を施し、画像と SmartArt を挿入してください。完成した文書は、上書き保存をしましょう。

＜操作手順＞

（ページ罫線の使用）

①例題 1.8.2 で保存した「会社内コンペチラシ」を開きます。

②[デザイン]－[ページの背景]－（ページ罫線）をクリックして「線種とページ罫線と網かけの設定」ダイアログボックスの「ページ罫線」タブを開きます。

③「絵柄」メニューから緑の木を選択し、「OK」ボタンをクリックします。

（画像と SmartArt の挿入）

④[挿入]－[図]－（画像）－（このデバイス）をクリックして表示される「図の挿入」ダイアログボックスで、各自の撮影した画像を選び「挿入」ボタンをクリックします。

図1−78 会社内コンペチラシ②の完成例

⑤画像の文字列の折り返しを「前面」とし、サイズを調整し、図1−78 を参考に配置します。

⑥[挿入]－[図]－（SmartArt）をクリックして表示される「SmartArt グラフィックの選択」ダイアログボックスで、「集合関係」メニューの「フィルター」を選択し、「OK」ボタンをクリックします。画像のときと同様に、SmartArt を指定の場所に配置します。

⑦SmartArt をアクティブにして表示される左縦線中央の（ハンドル）をクリックして、テキストウィンドウを表示します。

⑧上から順に「柚子」「パイ」「山の空気」「最高のおいしさ」と入力します。

⑨SmartArt の文字列の折り返しを「前面」とし、サイズを調整し、図1−78 を参考に配置します。

（文書の保存と終了）

⑩クイックアクセスツールバーの（上書き保存）をクリックします。ファイル名「会社内コンペチラシ」に上書き保存されます。Word を終了しましょう。

Seminar 1.9 1.11 節のアドバンスト課題で、課題 1.11.2-1 を作成しましょう。

1.9.3　図の高度な操作（トリミングと背景の除去）

> W　高度な図形の操作の方法を理解しましょう。

　Word では画像の編集機能も利用できます。本節では図の高度な操作として、トリミングと背景の除去について解説します。

(1)トリミング

　画像をクリックして選択し、[図の形式]−[サイズ]−▱（トリミング）をクリックすると、画像にトリミングのハンドル（図1−79左）が四隅、四辺に表示されます。不要な部分が枠外になるようにハンドルをドラッグすると、切り抜かれる部分がカラーのまま、除去される部分がモノクロ（図1−79右）に変わります。画像の外の部分をクリックするとトリミングが完了します。

　完全にトリミングした部分を削除するには、[図の形式]−[調整]−⊡（図の圧縮）をクリックして開く「画像の圧縮」ダイアログボックスで「図のトリミング部分を削除する」にチェックを入れて「OK」ボタンをクリックします。

図1−79　トリミングのハンドル（左）と、画像の除去部分（右）

(2)背景の削除

　画像をクリックして選択し、[図の形式]−[調整]−🖼（背景の削除）を用いると、高度な写真修正技術のひとつである背景の削除が Word で簡単に行えます。

　削除領域は Word が自動的に選択し、紫色で色分けします。紫色に塗りつぶされている部分が削除される領域で、元のカラー部分が保持される領域です（図1−80）。

　背景を削除するには、保持する領域を指定するために、ハンドルをドラッグして囲むだけです。また、自動的に判断した削除部分と保持部分を、背景の削除モードで表示される[背景の削除]−[設定し直す]−✐（保持する領域としてマーク)や✐（削除する領域としてマーク)でドラッグして切り替えることもできます。

　背景の削除の設定が完成したら、[背景の削除]－[閉じる]－✓ (変更を保持)をクリックすれば背景の削除モードが終了し、画像として表示されます。

  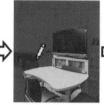 

図 1－80　背景の削除

【例題 1.9.3：会社内コンペチラシ③】

　　　「会社内コンペチラシ」で、図 1－81 を参考に画像の背景の削除を実施します。完成した文書は、上書き保存しましょう。

＜操作手順＞

(トリミングと背景の削除の使用)

①例題 1.9.2 で保存した「会社内
　コンペチラシ」を開きます。

②画像をクリックして選択し、
　[図の形式]－[サイズ]－

図 1－81　会社内コンペチラシ③の完成例

　(トリミング)を使用して、残したい範囲のみを選択します。

③[図の形式]―[調整]― (図の圧縮)をクリックして開く「画像の圧縮」ダイアログボックスで「図のトリミング部分を削除する」にチェックし、「OK」をクリックします。

④[図の形式]－[調整]― (背景の削除)をクリックします。

⑤[背景の削除]－[設定し直す]― (保持する領域としてマーク)や (削除する領域としてマーク)でドラッグして、設定を行います。

⑥背景の削除の設定が完成したら、[背景の削除]－[閉じる]―✓ (変更を保持)をクリックします。その後、サイズを調整し、配置を整えます。

(文書の保存と終了)

⑦クイックアクセスツールバーの 💾 (上書き保存) をクリックします。ファイル名「会社内コンペチラシ」に上書き保存されます。Word を終了しましょう。

> ***Seminar 1.10***　1.11 節のアドバンスト課題で、課題 1.11.2-2 を作成しましょう。

《Word ゼミナール編》
| 1.10 スタンダード課題 |
| 1.11 アドバンスト課題 |

1.10 スタンダード課題

　本節では、基本的な Word の知識と技術を使用して完成できる課題を提示しています。この課題に取り組んで、Word スタンダード編レベルの内容を身に付けましょう。操作面でわからないところがあれば、Word スタンダード編を参考にしてください。

　ここで作成する課題は、架空の店舗のスタッフとして、企画に関連した文書を作成するものです。①デザインを重視した案内ハガキ、②ビジネス文書としての形式を順守した書類の 2 つを作りましょう。

1.10.1　文書の管理と簡単な文字の入力

W | 名前を付けてファイルを保存しましょう。

　文書を作成するにあたり、まず Word ファイルに名前を付けて保存し、文書を管理する練習をしましょう。

【課題 1.10.1：店舗オープンチラシ①】

　　　　新しい文書を開いて、「店舗オープンチラシ」という名前の文書ファイルを作成し、保存しましょう（ヒント：例題 1.2.2、1.3.4 参照）。

　　留意事項

　　・Word で作業を始める前の 4 つのチェックポイント（Column 1.2 参照）を忘れないようにしましょう。

1.10.2　文字の入力と変換

W | 文書に文字を入力しましょう。

　文字の入力と変換についての練習をしましょう。

【課題 1.10.2：店舗オープンチラシ②】

　　　　課題 1.10.1 で作成した「店舗オープンチラシ」を開いて、図 1−82 を参考に文書を作成しましょう。完成したら、「店舗オープンチラシ」に上書き保存しましょう（ヒント：例題 1.3.8 参照）。

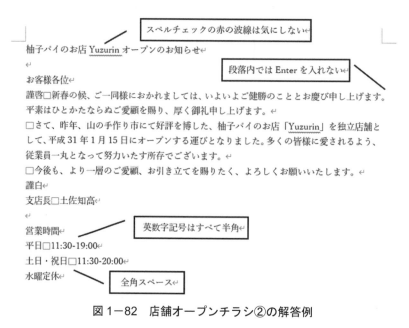

図 1-82　店舗オープンチラシ②の解答例

1.10.3　文書の編集

W 文書のレイアウトを整えましょう。

入力した文書は、読みやすく、わかりやすいように体裁を整えましょう。

【課題 1.10.3-1：店舗オープンチラシ③】

課題 1.10.2 で作成した「店舗オープンチラシ」を開いて、図 1-83 と留意事項を参考に文字の書式を変更しましょう。完成したら、「店舗オープンチラシ」に上書き保存しましょう（ヒント：例題 1.4.4 参照）。

```
1           柚子パイのお店 Yuzurin オープンのお知らせ
2    お客様各位
3    謹啓□新春の候、ご一同様におかれましては、いよいよご健勝のこととお慶び申し上げ
4    ます。平素はひとかたならぬご愛顧を賜り、厚く御礼申し上げます。
5
6    □さて、昨年、山の手作り市にて好評を博した、柚子パイのお店「Yuzurin」を独立店
7    舗として、平成 31 年 1 月 15 日にオープンする運びとなりました。多くの皆様に愛さ
8    れるよう、従業員一丸となって努力いたす所存でございます。
9    □今後も、より一層のご愛顧、お引き立てを賜りたく、よろしくお願いいたします。
10                                                                謹白
11                                               支店長□土佐知高
12
13   営業時間
14   平日□11:30-19:00
15   土日・祝日□11:30-20:00
16   水曜定休
```

図 1-83　店舗オープンチラシ③の解答例

留意事項

・左端の行番号は参考に付けているものです。実際に入力する必要はありません。

・1行目「柚子パイのお店 Yuzurin オープンのお知らせ」はチラシのタイトルです。中央揃えにして、フォントは「MS ゴシック」、フォントサイズは「14pt」に変更します。

・10行目「謹白」は結語、11行目「土佐知高」は発信者名です。右揃えにします。

・11行目の「土佐知高」には「とさともたか」とルビを付けます。

・3行目から11行目までは、フォントサイズを「11pt」、フォントを「MS 明朝」にします。半角部分は「Century」にします。

・1行目と14行目と15行目の半角部分は、フォントを「Arial」に変更します。

・16行目「水曜定休」には下線（波線）を付けます。

【課題 1.10.3-2：店舗オープンチラシ④】

　　課題 1.10.3-1 で作成した「店舗オープンチラシ」を開いて、営業時間を見やすく整理するためにレイアウトを整えます。均等割り付けを行い、また、図 1−84 を参考にしてインデントとタブの設定を行いましょう。完成したら、「店舗オープンチラシ」に上書き保存しましょう（ヒント：例題 1.4.7 参照）。

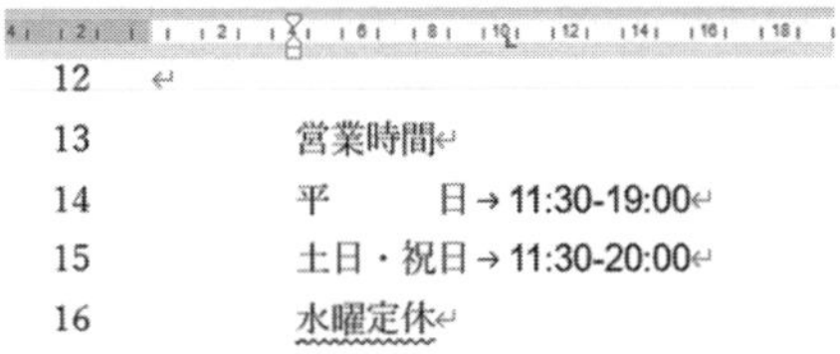

図 1−84　店舗オープンチラシ④の解答例

留意事項

・「平日」「土日・祝日」を同時に選択し、5字に均等割り付けします。

・13行目「営業時間」～16行目「水曜定休」を選択し、左インデントを4字に設定します。

・「平日」「土日・祝日」の営業時間の文字列の位置をタブとタブマーカーで設定します。「平日」「土日・祝日」の後ろのスペースをタブに置き換え、左揃えタブマーカーを10字の位置に配置しましょう。

1.10.4 文書の印刷

W ページ設定を変更して、印刷レイアウトを整えましょう。

挨拶状（グリーティングカード）のデザインができるように、文書のサイズや余白などの調整ができるように練習しましょう。

【課題 1.10.4：店舗カード①】

新しい Word 文書を開いて、文書の「サイズ」を「はがき」に設定した上で、余白や印刷の方向を変更しましょう。完成したら、「店舗カード」というファイル名で保存しましょう（ヒント：例題 1.5.3 参照）。

留意事項

・サイズを「はがき」または「100mm×148.5mm」に設定します。

・余白は「狭い」に、印刷の向きは「横向き」に変更します。

・1行目に「手作り柚子パイ」と入力します。

図1−85 店舗カード①の解答例

1.10.5 図の挿入

W 文書に図を挿入しましょう。

文書に図を挿入し、より見やすく加工できるように練習しましょう。

【課題 1.10.5-1：店舗カード②】

課題 1.10.4 で作成した「店舗カード」を開いて、図1−86 と留意事項を参考に店舗カードのデザインを作成

図1−86 店舗カード②の解答例

します。完成したら、「店舗カード」に上書き保存しましょう（ヒント：例題 1.6.4 参照）。

留意事項

・「手作り柚子パイ」の文字はワードアートを用います。文字列の折り返しを「行内」にして、段落で中央揃えします。MS 明朝 36pt 太字にします。

・「柚子」（みかん）・「2 人の女性」のイラストはオンライン画像の「種類」から「クリップアート」または「透過」を利用します。雰囲気の似た画像を見つけましょう。

・文字はテキストボックスを利用し、テキストボックスのスタイル変更で線の色や塗りつぶしを変更しています。文字の配置は「上下中央揃え」にします。入力する文字は、「　パイの専門店　Yuzurin(ゆずりん)の手作りパイ(300 円)を山の手作り市で食べてみませんか？」と「紅茶無料チケット(先着 20 名に限り)この部分を切り抜いて店員に渡してください。」です。

【課題 1.10.5-2：店舗オープンチラシ⑤】

課題 1.10.3-2 で作成した「店舗オープンチラシ」を開いて、図 1−87 と留意事項を参考に店舗の案内地図を作成します。完成したら、「店舗オープンチラシ」に上書き保存しましょう（ヒント：例題 1.6.4 参照）。

留意事項

・タイトル「柚子パイのお店 Yuzurin オープンのお知らせ」は[挿入]−[図]−○[図形]のメニューから▱（四角形：1 つの角を切り取り、1 つの角を丸める）を利用し、「テキストの追加」で作成し直しています。図形の幅は 120mm、高さ 30mm に設定します。文字列の折り返しを「行内」にし

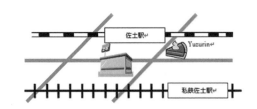

図 1−87　店舗オープンチラシ⑤の解答例

て、段落内で中央揃えしています。

- タイトルの文字は、[図形の書式]−[ワードアートのスタイル]−（塗りつぶし：白；輪郭：青、アクセントカラー5；影）で、26pt に拡大しています。
- 道路は図形の直線で作成します。続けて同じ図形を描くときには、[挿入]−[図]−[図形の挿入]から図形を選ぶときに右クリックし、「描画モードのロック」を選ぶと便利です。
- JR の線路は、黒の直線と点線（塗りつぶしの色を「白」）を重ねています。
- 私鉄の線路は、直線を組み合わせ、図形のコピーで作成しています。
- コンビニエンスストアやパイのイラストはオンライン画像を利用します。
- 作成した地図は、一括して移動できるようにグループ化します。

1.10.6　表の作成と編集

W 文書に表を挿入し、表のレイアウトを整えましょう。

　詳細な表の作成方法や、文字位置や罫線、行の高さや列の幅の調整、表のレイアウトを整える方法を練習しましょう。

【課題 1.10.6：店舗オープンチラシ⑥】

　　課題 1.10.5-2 で作成した「店舗オープンチラシ」を開いて、図 1−88 を参考に営業時間と定休日に関する表を作成します。完成したら、「店舗オープンチラシ」に上書き保存しましょう（ヒント：例題 1.7.3、1.7.7 参照）。

留意事項

- 「支店長　土佐知高」の下行に 3 行 3 列の表を挿入し、均等割り付けや下線を付けて入力していた文字をその表内に移動します。
- すべてのセルの高さは 13mm に、幅は 34mm に設定します。
- 罫線は 1.5pt の赤を適用し、1 列目と 2 列目、2 列目と 3 列目の間の縦の罫線は点線に変更します。
- 表は、「表のプロパティ」で中

図 1−88　店舗オープンチラシ⑥の完成例

央に配置します。

・1 行目の「営業時間」はセルを結合し、塗りつぶしの色は赤、文字の色は白、サイ
ズは 12pt としています。

・表内の文字と表の配置は「（上下左右）中央揃え」に設定します。

・地図と表の間の不要な改行を削除し、文書を整えます。

1.11 アドバンスト課題

《Word ゼミナール編》
1.10 スタンダード課題
1.11 アドバンスト課題

本節では応用的な Word の知識と技術を使用して完成できる課題を提示しています。この課題に取り組んで、理解度をチェックしてください。

1.11.1 便利な編集機能の活用

W テンプレートを利用して名刺を作成しましょう。

さまざまな種類のテンプレートを利用して文書を作成する練習をしましょう。

【課題 1.11.1：店長名刺】

Word で用意されているテンプレート、あるいはオンラインテンプレートを利用して、「店長の名刺」(図1−89) を自由に作成します。完成したら、「店長名刺」として保存しましょう (ヒント：例題 1.8.2 参照)。

表1−14 名刺用データ

名前	土佐　知高
役職	店長
会社名	パイ専門店　Yuzurin
郵便番号…	〒999-999X　佐土市田中町 14-4
電話	090−2030−203X
電子メール	tt@pai_yuzurin.com
Web アドレス	http://www.yuzurin.com

図1−89　店長名刺

留意事項

・この課題では、テンプレート「名刺 (販売用ストライプのデザイン)」を利用しています。

1.11.2　高度な編集機能の活用

> **W** 　高度な編集機能を利用してパンフレットのデザインを整えましょう。

　表やワードアート、クリップアートを使用し、スタイルやテーマを変更して見やすい文書を作成する練習をしましょう。

【課題 1.11.2-1：店舗オープンチラシ⑦】

　　課題 1.10.6 で作成した「店舗オープンチラシ」を開いて、図 1−90 を参考にページ罫線と SmartArt を挿入します。完成したら、「店舗オープンチラシ」に上書き保存しましょう（ヒント：例題 1.9.2 参照）。

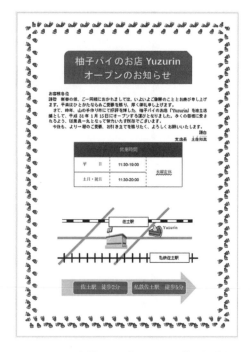

図 1−90　店舗オープンチラシ⑦の解答例

留意事項

・ページ罫線は「絵柄」を使用しています。

・SmartArt は、「手順」の「矢印と長方形のプロセス」を使用し、高さを 30mm、幅を 150mm にします。文字列の折り返しを「前面」にして地図の下に配置します。

・「佐土駅　徒歩 2 分」「私鉄佐土駅　徒歩 5 分」と表示しています。

【課題 1.11.2-2：店舗オープンチラシ⑧】

　　課題 1.11.2-1 で作成した「店舗オープンチラシ」を開いて、図 1−91 を参考に背景を削除した画像を効果的に挿入します。完成したら、「店舗オープンチラシ」に上書き保存しましょう（ヒント：例題 1.9.3 参照）。

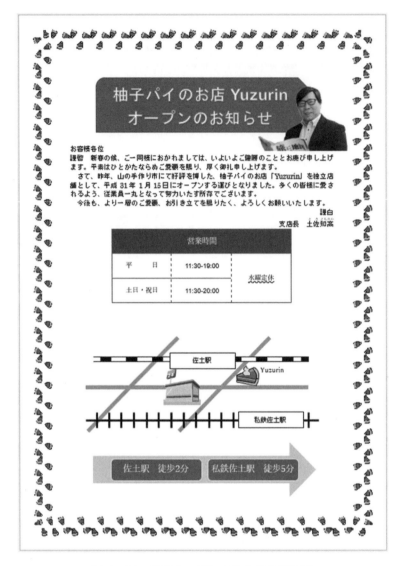

図 1−91　店舗オープンチラシ⑧の解答例

留意事項

　　・画像は背景の削除を利用します。自分の写真を使って作業しましょう。

第 2 章　Excel

　本章では、表計算ソフトの基本から関数を活用した高度な分析や図表の作成を行います。表計算ソフトには、「Excel for Microsoft 365」（エクセル、以下 Excel と略します）を使用します。

　本章は Excel スタンダード編（2.1〜2.6 節）と Excel アドバンスト編（2.7〜2.9 節）および Excel ゼミナール編（2.10〜2.11 節）からなります。Excel スタンダード編では、Excel での表の作成に必要な、文字や数式などの入力および簡単な修正、印刷、保存、基本的な関数やグラフの作成など Excel 操作の基本をマスターします。Excel アドバンスト編では、本格的な表計算の操作に必要となる高度な関数やデータの処理を含む操作の方法についてマスターします。Excel ゼミナール編では、各機能を効率よくマスターできるように課題を示します。

2.1 Excel の基本知識

《Excel スタンダード編》		
2.1	Excel の基本知識	
2.2	表の作成	
2.3	数式とセル書式	

　表計算ソフトを用いると、パソコン上で表の形式で入力されたデータを集計したり、グラフを作成したり、図表を美しく加工したりすることができます。現在、パソコンを利用している人の多くが、ワープロに加えて表計算ソフトも使用しています。また、ビジネスの分野でも、「パソコンで情報を管理し、情報を加工・分析できる能力」が重視されます。これは、情報活用能力と呼ばれていますが、この情報活用能力の基礎となるのが表計算ソフトの操作と活用の技術です。

　本節では表計算ソフト Excel を使用する上で必要となる知識や操作について説明します。

2.1.1　Excel の基本機能

> X　**表計算ソフトの基本機能を理解しましょう。**

　表計算ソフトではどのようなことができるのでしょうか。また、この分野で代表的なアプリケーションソフトである Excel は、どのような点がすぐれているのかについて説明します。

(1)表計算ソフトの基本機能

　表計算ソフトでは、さまざまな数値や数式を利用して、複雑な計算でも瞬時に正確に実施すること（計算機能）はもちろん、結果をビジュアル化・グラフ化して表示したり（プレゼンテーション機能）、データを抽出したり並び変えたりすること（データベース機能）もできます。

(2)Excel の基礎知識

　Excel は世界中で最も多くのユーザーに使用されている Microsoft 社製の表計算ソフトです。Excel は基本的な表計算機能を備えている上に、GUI（Graphical User Interface）のすぐれた操作性を併せ持っています。そして、Excel は Word や PowerPoint と同様に多くのビジネスシーンで利用されています。

　ICT（情報通信技術）の発達した社会では、Excel を自由に使いこなすことがビジネスの前提になっているといっても過言ではありません。多くのビジネス資料が Excel で作成され、ネットワーク上で交換・蓄積されています。数ある表計算ソフトの中でも Excel が最も使用頻度が高く、業界のデファクトスタンダード（事実上の標準）となっています。

2.1.2 Excel の基本操作

Excelの起動と終了の方法を理解しましょう。

　Excel では、ワークシート上で作業を実行します。また、複数のワークシートをまとめてブックと呼び、ファイルの保存はブック単位で行います。

　Excel を利用するには、Excel を起動する必要があります。また、作業を終えるときは、正しい終了方法を知っておく必要があります。このような Excel の基本操作を理解しておくことで、作業の保存ミスやファイルの損傷を防ぐことができます。保存に関する詳細については、2.2.2 項を参照してください。Excel の起動や終了の方法は、Word の操作手順と同様です。

(1)Excel の起動

　ディスプレイ左下端の ▓ （スタート）から ▓ （Excel）をクリックすると、Excel が起動し Excel Backstage ビュー（図 2－1)が表示されます。新しいブックを作成する場合は「空白のブック」をクリックします。すると、Excel アプリケーションウィンドウが表示されます（図 2－2 参照）。

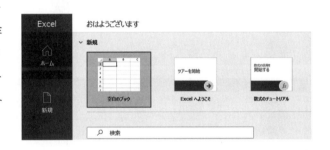

図 2－1　Excel Backstage　ビュー

(2)Excel の終了

　Excel を終了するときは、タイトルバーの右端にある ✖ （閉じる）をクリックしてください。ワークシート上に数値や文字などを追加した場合や変更・削除を行った場合などは、保存を確認するメッセージボックス「このファイルの変更内容を保存しますか？」が表示されます。保存の必要がなければ「保存しない」ボタンをクリックしてください。保存したい場合は、2.2.2 項を参照してください。

2.1.3 Excel アプリケーションウィンドウ各部の名称と機能

> **X** Excelのアプリケーションウィンドウ各部の名称と機能を確認しましょう。

Excel を起動すると、Excel アプリケーションウィンドウ（図 2-2）が表示されます。Excel アプリケーションウィンドウには「Excel 基本ウィンドウ」と「ワークシートウィンドウ」の 2 つがあります。ここでは、それらのウィンドウ各部の名称と機能について説明します。

(1)Excel 基本ウィンドウ

Excel 基本ウィンドウは、Excel アプリケーションウィンドウの中では上方に位置し、ワークシートウィンドウ以外の部分を指します。Excel 基本ウィンドウでは、Excel に指示を与えるための「リボン」、「クイックアクセスツールバー」、「数式バー」と呼ばれるものがあります。次にそれぞれの名称と機能について詳しく説明します。

a.リボン

基本ウィンドウの大部分を占めている「リボン」には、作業の目的に応じて利用される

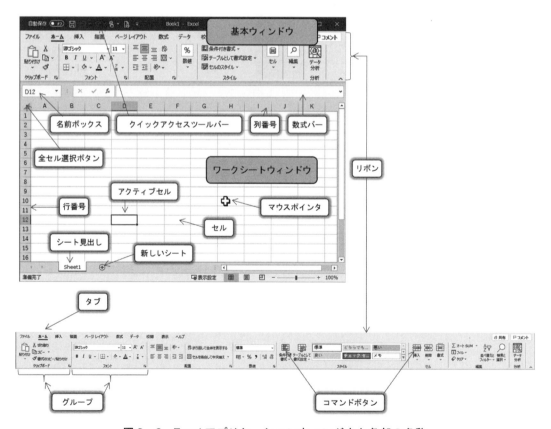

図2-2 Excel アプリケーションウィンドウと各部の名称

コマンドが用意されています。[ファイル]、[ホーム]、[挿入]、[ページレイアウト]などの
タブに対応した「リボン」には、[クリップボード]、[フォント]などの「グループ」と呼
ばれる作業のまとまりがあります。そのグループに分類されたひとつひとつのアイコン
が「コマンドボタン」です。タブをダブルクリックすることで、リボンを最小化したり、
元のサイズに戻したりすることができます。「グループ」や「コマンドボタン」のアイ
コンのサイズは、Excel アプリケーションウィンドウの幅と連動して変化します(図 2−
3)。

図2−3　ウィンドウの幅と連動する[ホーム]−[セル]グループのコマンドボタン
左：幅が狭い場合、右：幅が広い場合

b.クイックアクセスツールバー

　　　　（上書き保存）や　　　　（元に戻す）のような、Excel の操作をする上でよく使用す
るコマンドを、アイコンにして並べたものがクイックアクセスツールバーです。このア
イコンをクリックすると、リボンのコマンドボタンをクリックした場合と同じ作業が簡
単に実行できます。

c.数式バー

アクティブセル（2.1.3 項(2)参照）に入力された文字や数値は、数式バーにも表示されま
す。アクティブセルに数式を入力した場合は、そのセルには計算結果が表示されますが、
数式バーには入力したままの数式が表示されていて、数式の修正や確認ができます。

d.[ファイル]タブ

基本ウィンドウの左上端には、[ファイル]タブがあります。ここは、Backstage ビューと
呼ばれ、新しいブックを作成するための[新規]、保存したブックを開くための[開く]、印
刷の設定や印刷結果を確認する印刷プレビューが表示される[印刷]などのメニューが用意
されています（図 2−4）。Backstage ビューから作業中のワークシートに戻るには　　　　
（戻る）をクリックします。

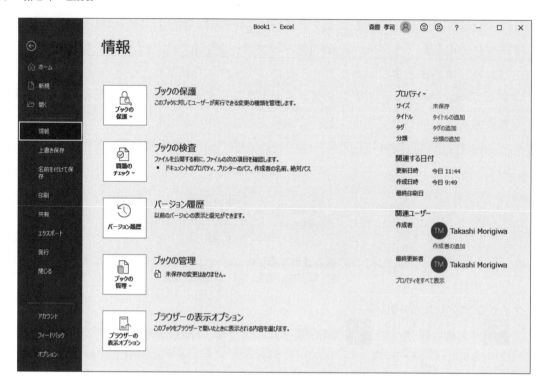

図2-4 Excel の「ファイル」Backstage ビュー

(2)ワークシートウィンドウ

Excel アプリケーションウィンドウの大部分を占める、縦横に線の引かれた部分をワークシートと呼びます。ワークシートには「セル」や「行番号」・「列番号」、「シート見出し」と呼ばれる部分などがあります。

a.ワークシート

数値や文字を入力し、表を作成するための用紙にあたるものがワークシートです。Excelでは複数のワークシート間で連携して作業をすることもあります。

b.セル

ワークシート上のマス目はセルと呼ばれます。Excel の作業の多くは、セルに文字や数値、数式などを入力することです。セルの位置を表すにはそのセルの行番号と列番号を組み合わせます。これをセルアドレスと呼びます。たとえば、D 列の 12 行目にあるセルのセルアドレスは、セル D12 と呼びます。

c.行番号・列番号

ワークシートの行と列に付けられた数字や英字は、行番号・列番号と呼びます。セルアドレスは、列番号と行番号の組み合わせで表現されます。

d.アクティブセル

太い線で囲まれたセル（行番号や列番号が他の色と異なっています）が、アクティブセルです。アクティブセルは、その時点で操作の対象となっているセルです。任意のセルをマウスでクリックすることで、セルをアクティブセルにすることができます。また、↑↓←→（カーソルキー）でその隣のセルに移動できます。

e.シート見出し

シート見出しには、ワークシート名が表示されています。通常は「Sheet1」と表示されています。

f.新しいシート

ワークシートを追加する場合に使用します。ワークシート操作の詳細については、2.8 節を参照してください。

g.全セル選択ボタン

ワークシートの左上端で行番号と列番号の交わるところに　　（全セル選択ボタン）があります。このボタンをクリックすると、ワークシートのすべてのセルが選択できます。

2.2 表の作成

《Excel スタンダード編》

2.1 Excel の基本知識
2.2 表の作成
2.3 数式とセル書式

Excel のワークシートでは、表を作成して、項目やデータを入力し、計算をしたりグラフを作成したりして作業を進めます。ここでは表計算の基本として、簡単な計算式や関数を使った表を作成するための知識について説明します。表を構成する要素としては、数値と文字と数式があります。それらのデータを入力するためには、セルの選択方法やワークシートの保存方法なども知っておく必要があります。これらを利用して効率よく表を作成する方法を理解しましょう。

2.2.1 セルの選択

> ワークシートのセルを選択する方法を理解しましょう。

Excel に数値や文字を入力する場合は、まず、目的のセルを選択してアクティブにする必要があります。アクティブになったセルのことを、アクティブセルと呼びます。セルを選択する方法には、セルを 1 つだけ選択する場合や複数のセルを同時に選択する場合などがあります。ここでは、4 つのパターンに分けてセルの選択を効率的に行う方法について説明します。

(1)セルを 1 つだけ選択する場合

選択するセルが 1 つだけの場合は、そのセルをクリックするだけです。また、「名前ボックス」にアクティブにしたいセルアドレスを入力し Enter を押すと、そのセルが表示され、アクティブセルになります。他のセルをアクティブセルにすると、元のアクティブセルは解除されます。

(2)複数のセルを矩形（くけい：長方形）で選択する場合

選択するセルが上下左右に隣接し、矩形でまとまっている場合は、その範囲の始点と終点をドラッグして選択します（図 2−5）。または、始点になるセルをクリックしておいてから、ポインタを移動し、終点の位置で Shift を押しながらクリックして選択することもできます。

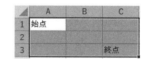

図 2−5　セルの選択（矩形）

(3)離れた位置にある複数のセルを選択する場合

1 つ目のセルをクリックしてから、2 つ目以降のセルを Ctrl を押しながら選択していきます（図 2−6）。

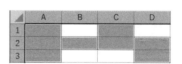

図 2−6　セルの選択（離れたセル）

(4)行や列、ワークシート全体のセルを選択する場合

　行または列をすべて選択する場合は、行番号または列番号をクリックします（図2−7左）。ワークシート上のすべてのセルを選択する場合は、　　（全セル選択ボタン）をクリックします（図2−7右）。

図2−7　行や列の選択（左）と、全セルの選択（右）

Column 2.1　ジャンプ機能を利用したセルの選択

　ジャンプ機能を利用すると、セルアドレスまたはセル範囲を指定してセルを選択することができます。また、「文字が入力されているセル」や「数式の入力されているセル」のように指定した条件に従ってセルを選択することもできます。

　[ホーム]−[編集]−　　（検索と選択）−　　（ジャンプ）を選択すると、「ジャンプ」ダイアログボックス（図 2−8 左）が表示されます。「参照先」に「A1」と入力し「OK」ボタンをクリックするとセル A1 が、「B1:C8」を指定するとセル B1〜C8 の範囲が選択されます。

　「ジャンプ」ダイアログボックスの「セル選択」ボタンをクリックすると「選択オプション」ダイアログボックス（図 2−8 右）が表示され、アクティブにするセルの条件を設定することができます。

図 2−8　「ジャンプ」ダイアログボックス（左）と、
「セル選択」ボタンの「選択オプション」ダイアログボックス（右）

Column 2.2　キーボードを使ったアクティブセルの移動

　アクティブセルは⬆⬇⬅➡を押して移動させることができます。また、[Enter]を押すとアクティブセルがひとつ下に移動します。[Shift]＋[Enter]を押すとアクティブセルがひとつ上に移動します。[Tab]を押すとひとつ右に、[Shift]＋[Tab]を押すとひとつ左にアクティブセルが移動します。

2.2.2　ブックの保存と利用

X ブックの保存と利用の方法について理解しましょう。

　ブックを保存するには、「上書き保存」と「名前を付けて保存」の2種類の方法があります。保存場所についても理解していないと、後でファイルが見つからずに困ることになります。また、保存したブックを開いて利用する方法についても理解しておく必要があります。

(1)ブックの上書き保存

　ワークシートはブック単位で保存されます。「上書き保存」は、同じファイル名で同じ保存場所にブックを保存します。クイックアクセスツールバーに用意されている 🖫 （上書き保存）をクリックすると、「上書き保存」が実行されます。「上書き保存」とは、元のファイルの内容を、現在の作業内容と置き換えてしまう保存方法です。過去にファイル名を付けて保存されていたファイルを開いて作業している場合は、🖫 （上書き保存）をクリックすると、ただちに「上書き保存」されます。しかし、新規作成されたブックの場合は、「名前を付けて保存」が実行されます。

(2)名前を付けてブックの保存

　新しく作成したブックを保存する場合や、作業したファイルを他のファイル名、保存場所・保存形式で保存したい場合には、「名前を付けて保存」を利用します。

　[ファイル]−[名前を付けて保存]をクリックすると、「名前を付けて保存」Backstage ビューが表示されます。その中の 🖥 （コンピューター）をダブルクリックして開く「名前を付けて保存」ダイアログボックス

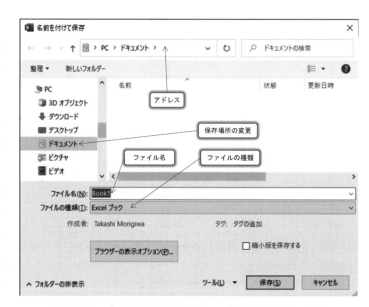

図2−9　「名前を付けて保存」ダイアログボックス

（図2−9）で保存するフォルダとファイル形式を確認してから、「ファイル名」にこのブックにふさわしい名前を入力してください。

　保存先を USB メモリなどの外部記憶装置に変更したい場合は、このダイアログボックスの

左にあるフォルダリストの 🖥 （PC）をクリックしてください。すると、右のウィンドウに
🔌 （USB ドライブ）が表示されます。このアイコンをダブルクリックすると、アドレスが
🔌 › **PC** › **USB ドライブ (G:)** › のように変更され、USB メモリなどの外部記憶装置にブック
を保存することができます。

保存形式の変更は、「ファイルの種類」の右端の▼をクリックして表示されるリストから選
択します。現行の Excel 形式で保存する場合は「Excel ブック」を選択します。

(3)ブックを開く

[ファイル]－[開く]をクリックして表示される「開く」Backstage ビューの右側には、🕐
（最近使ったアイテム）が表示されます。利用したいブックがこのリストにある場合は、そ
れをダブルクリックしてください。

他の保存場所にあるブックを利用したい場合は、🖳 （この PC）をダブルクリックしてく
ださい。すると、「ファイルを開く」ダイアログボックスが表示され、「名前を付けてブック
の保存」（2.2.2 項(2)参照）と同様の操作で、ドライブやフォルダを変更して保存されている
ブックを探すことができます。目的のブックが見つかったら、そのファイル名を選択して
「開く」ボタンをクリックしてください。

2.2.3　数値と文字の入力

X	ワークシートに数値や文字を入力する方法を理解しましょう。

Excel ではデフォルト（初期設定）でキーボードから文字を入力すると、半角英数字を入力
することができます。日本語を入力するには、IME（1.3.1 項参照）を利用します。Excel で
は、日本語を入力する必要がある場合のみに、IME を ON にしましょう。そして Excel では
IME が OFF であるのが基本状態であることを常に意識して、日本語の入力が終了したら IME
を OFF に戻すようにしておくと、次の作業（たとえば数式を入力する）で不本意なエラーを
回避できることがよくあります。

入力はセル単位で行います。セルに数値や文字を入力し Enter を押すと、ひとつ下のセル
がアクティブセルになり、入力作業を続けることができます。入力ミスをした場合は、その
セルをアクティブセルにして入力しなおすと、新しく入力したものに入れ替わります。

また、少し量のある数値データを続けて入力する場合には、あらかじめ入力範囲を選択し
てから、テンキー（キーボード右側にある、電卓のように数字のキーが並んでいるところ）
を利用して入力しましょう。選択範囲の最下行で Enter を押すと、次の列の最上行にアクティ
ブセルが移動します。

【例題 2.2.3：ハワイ研修旅行費用計算表①】

　　　　新しいブックを開いて、次のデータ（図 2−10）を入力しましょう。作成したブックは、「ハワイ研修旅行費用計算表」というファイル名で保存しましょう。

	A	B	C	D	E	F	G
1	情報活用技術大学	ハワイ研修	費用計算表				
2	18	人で算出	$1=	88	円		
3		全体	一人あたり				
4		$	$	¥	備考(摘要)		
5				104000	航空券		
6		2460			バス　ハワイ島4日間		
7		670			バス　オアフ島2日間		
8		2633.35			宿泊　オアフ島2泊		
9			11.94		食費		

図 2−10　ハワイ研修旅行費用計算表①の解答例

＜操作手順＞

（数値の入力）

①Excel を起動して、「空白のブック」をクリックし、新しいブックを用意します。

②セル B6 をクリックしてアクティブセルにします。

③IME が OFF であることを確認して「2460」と入力し [Enter] を押します。すると、セル B6 に「2460」が入力され、アクティブセルがひとつ下に移動します。

④セル B7 がアクティブセルであることを確認して、テンキーを利用して「670」 [Enter]、「2633.35」 [Enter] と入力します。

（選択範囲内のデータの入力）

⑤セル A2 をアクティブセルにして、その後 [Ctrl] を押しながらセル D2、D5、C9 を順にクリックして4つのセルを同時に選択します（2.2.1 項(3)参照）。

⑥「11.94」 [Enter]、「18」 [Enter]、「88」 [Enter]、「104000」 [Enter] のように数値を入力します。

（日本語の入力）

⑦ [半角/全角] を押して、IME を ON にしてください。タスクバーの右にある IME の状態が **A** から **あ** に変わります。

⑧セル A1 をアクティブセルにして、「情報活用技術大学　ハワイ研修　費用計算表」と入力します。文字がセルの幅を超えてしまいますが、ここではそのまま作業を続けてください。

⑨同様に、図 2−10 を見て必要な文字をすべて入力しましょう。英数字記号はすべて半角で入力します。

（ブックの保存と終了）

⑩クイックアクセスツールバーの ![] （上書き保存）をクリックします。そして「このファイルを保存」ダイアログボックスを表示します。

⑪保存先を確認の上、ファイル名に「ハワイ研修旅行費用計算表」と入力し、「保存」ボタンをクリックしてください。編集中のブックが「ハワイ研修旅行費用計算表」というファイル名で保存され、タイトルバーには「ハワイ研修旅行費用計算表」と表示されます。

⑫タイトルバーの右端にある ![✕] （閉じる）をクリックして Excel を終了しましょう。

Seminar 2.1 2.10 節のスタンダード課題で、課題 2.10.1-1 を作成しましょう。

2.2.4 セル・行・列の操作（挿入・削除・移動・コピー）

> **Ｘ** セル、行、列を挿入・削除・移動・コピーする方法を理解しましょう。

Excel ではセルに入力されたデータをコピーしたり、移動したりすることができます。また、作成していた表の中でセルを追加する必要が出てきたり、不要なセルを削除したりすることもできます。これらの機能を利用すると、表を最初から作り直す手間が省かれるだけではなく、段階的に完成度の高い表を作成していくこともできます。

セルの挿入・削除・移動・コピーの方法を理解できれば、行や列についても同様の操作で編集が行えるので、作業効率が大幅にアップします。

(1)セル・行・列の挿入と削除

セル・行・列の挿入には、[ホーム]−[セル]−![] (挿入)を利用します。挿入したい場所にあるセルをアクティブセルにして ![] (挿入)をクリックするとセルが挿入され、元のセルは下にシフト（移動）します。

元のセルの移動方向を選択するには、![] (挿入)メニュー（図 2−11 左）で ![] （セルの挿入）をクリックします。すると、「セルの挿入」ダイアログボックス（図 2−11 右）が表示され、セルをシフトする方向を右または下に選択できます。

行や列を挿入する場合には、「セルの挿入」ダイアログボックスで、「行全体」または「列全体」を選択して「OK」ボタンをクリックします。

削除の場合も、挿入の場合の操作と同様です。削除に失敗して必要なデータを消してしまったときは、あわてずにクイックアクセスツールバーの ↰ （元に戻す）をクリックして復元しましょう。

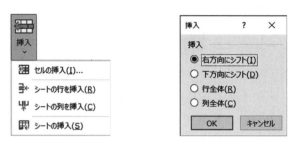

図2−11　　　（挿入）のメニュー（左）と、「セルの挿入」ダイアログボックス（右）

(2)セル・行・列の移動とコピー

　セルを移動するには、まず移動したいセルをアクティブセルにします。そしてそのセルの境界線上でポインタが　になるのを確認したら、移動先までドラッグ（マウスの左ボタンを押しながらマウスを移動）し、マウスのボタンを離します（ドロップ）。このマウス操作を、ドラッグ&ドロップと呼びます。行や列を移動する場合も、対象の行や列をアクティブにしてから、その行や列の境界線をドラッグ&ドロップします。

　ドロップする前に、Ctrl を押すとポインタが　に変化します。この状態でドロップすると元のセルのデータも残ります。つまり、コピーが実行されたことになります。行や列に対しても同様の操作でコピーが行えます。

　クリップボードを利用した移動とコピーの方法は、Word と操作法が共通です。詳細については 1.4.5 項を参照してください。

(3)フィル機能

　連続しているセルにコピーするときに便利な機能として、「フィル」があります。この機能を利用すると単にコピーを行うために用いるだけではなく、数字や日付を増やしながらコピーすることもできます。これを連続データの作成と呼んでいます。

　フィル機能を利用するには、[ホーム]−[編集]−　（フィル）を利用します。まずコピーの元となるセルにデータを入力します。そして、その元となるセルがコピー範囲の先頭になるように矩形（くけい）でセル範囲を選択し、　（フィル）のメニュー（図 2−12 左）からアクティブセルの選択範囲の向きに従って「下方向へコピー」または「右方向へコピー」が選択できます。

　Excel で表を作っていく作業では「上方向へコピー」または「左方向へコピー」を利用することは少ないですが、気をつけないといけないのは、すでにデータが入力されている方向へのコピーです。この作業によって、入力されたデータが上書きされるので注意しましょう。

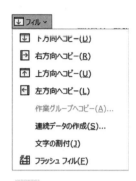 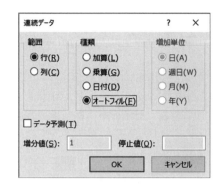

図2−12　（フィル）のメニュー（左）と、「連続データ」ダイアログボックス（右）

　自動的に曜日や日付を次の日にしながらコピーするのは、「オートフィル」機能と呼ばれています。この機能は、[ホーム]−[編集]−（フィル）のメニューで「連続データの作成」を選択して表示される「連続データ」ダイアログボックス（図 2−12 右）で、「オートフィル」にチェックを入れると利用できます。

　オートフィルと同じ機能を、マウスで実行する方法もあります。アクティブセルの右下隅にある■（フィルハンドル）にポインタを合わせ、ポインタが✛になる位置を確認したら、そこからコピーしたい方向にドラッグします。

---

*C*olumn *2.3*　 Ctrl + Enter を使った複数のセルへのコピー

　複数のセルを同時に選択（2.2.1 項(2)〜(4)参照）し、アクティブセルに数値や文字を入力して Ctrl + Enter を押すと、選択していたすべてのセルにアクティブセルと同じ内容がコピーされます。数式の入力でもこの機能を利用することもできます。

C_{olumn} **2.4**　🖻 (オートフィルオプション)

　フィルハンドルをドラッグしてコピーしたときに表示される🖻 (オートフィルオプション) をクリックすると、メニュー (図 2−13) が表示されます。標準では「セルのコピー」が実行され、セルのデータと書式の両方がコピーされます。「書式のみ」または「書式なし」でコピーしたい場合は、コピー後に選択することができます。

図2−13　オートフィルオプション：文字・数式（左）と数値（右）

【例題2.2.4：ハワイ研修旅行費用計算表②】

　　　例題2.2.3で作成した「ハワイ研修旅行費用計算表」を開いて、図2−14を参考に、ハワイ島の宿泊費の行を作成し、必要な金額を入力しましょう。また、セル A5〜A10にフィル機能を利用して「費目1〜6」を入力しましょう。完成したブックは、上書き保存しましょう。

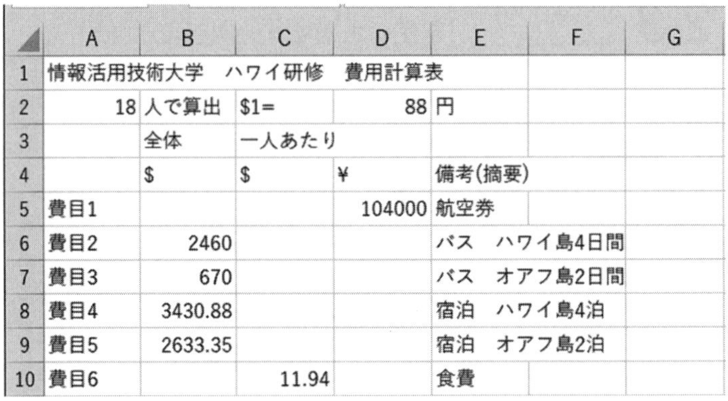

	A	B	C	D	E	F	G
1	情報活用技術大学　ハワイ研修　費用計算表						
2	18	人で算出	$1=	88	円		
3		全体	一人あたり				
4		$	$	¥	備考(摘要)		
5	費目1			104000	航空券		
6	費目2	2460			バス　ハワイ島4日間		
7	費目3	670			バス　オアフ島2日間		
8	費目4	3430.88			宿泊　ハワイ島4泊		
9	費目5	2633.35			宿泊　オアフ島2泊		
10	費目6		11.94		食費		

図2−14　ハワイ研修旅行費用計算表②の解答例

＜操作手順＞

（行の挿入）

①Excelを起動して、[開く]をクリックして例題2.2.3で作成し保存した「ハワイ研修旅行費用計算表」を開きます。

②8行目の行番号をクリックして、その行をすべてアクティブにしてください。

③[ホーム]－[セル]－ ▦ (挿入)をクリックします。元の8行目が下にシフトし、新しく8行目が挿入されます。

④セルB8をアクティブにして、「3430.88」を入力しましょう。

（日本語の入力）

⑤ 半角/全角 を押して、IMEをONにしてください。タスクバーの右にあるIMEの状態が **A** から **あ** に変わります。

⑥セルE8に「宿泊　ハワイ島4泊」と入力しましょう。

（オートフィル機能を利用した文字の入力）

⑦セルA5に「費目1」と入力します。

⑧セルA5～A10をアクティブセルにして、[ホーム]－[編集]－ ↓ （フィル）のメニューから[連続データの作成]を選択します。

⑨表示された「連続データ」ダイアログボックスの「種類」で「オートフィル」にチェックを付けます。

⑩「OK」ボタンをクリックすると、アクティブセルのすべてにオートフィルコピーができます。

⑪ 半角/全角 を押して、IMEをOFFにしてください。IMEの状態が **あ** から **A** に変わります。

（ブックの保存と終了）

⑫クイックアクセスツールバーの 🖫 （上書き保存）をクリックします。ファイル名「ハワイ研修旅行費用計算表」に上書き保存されます。

⑬タイトルバーの右端にある ✕ （閉じる）をクリックしてExcelを終了しましょう。

Seminar 2.2 2.10節のスタンダード課題で、課題2.10.1-2を作成しましょう。

《Excel スタンダード編》
| 2.1 Excel の基本知識 |
| 2.2 表の作成 |
| 2.3 数式とセル書式 |

2.3 数式とセル書式

　本節では、表計算ソフトとして中心的な部分である数式の基本的な考え方について説明します。また、セルに入力した文字のサイズや配置、表示形式、罫線などのセル書式についても説明します。これらの作業を知ることで、簡単な操作を行うだけで、見やすい説得力のある表が作成できるようになります。

2.3.1 数式の入力

> **X** 表に数式を入力する方法を理解しましょう。

　数式を入力する場合は、まずその答えを表示すべきセルをアクティブセルにします。そして「=」を入力します。Excel では、「=」から始まる文字列を数式とみなします。Excel では日本語入力 OFF が基本でしたが、特に数式を入力する場合は IME が OFF であることを確認して作業をしてください。

　数式で使用する記号には「=」の他にも、四則演算（加法・減法・乗法・除法）の算術演算子（+・−・×・÷）や括弧（かっこ）などがあります。日常生活で利用している計算のための記号と Excel で使用する記号では、少し形の違うものもありますので表 2−1 で確認してください。

表 2−1　Excel の数式で用いる記号

意味	記号	読み方	使用例
数式の始まり	=	イコール	数式の最初に　=
加法（+）	+	プラス	1+2 は　=1+2
減法（−）	−	マイナス	3−1 は　=3-1
乗法（×）	*	アスタリスク	2×3 は　=2*3
除法（÷）	/	スラッシュ	4÷2 は　=4/2
かっこ〔{()}〕	()	ブラケット	{(2+1)×3+4}÷5 は　=((2+1)*3+4)/5
べき乗	^	ハット	2^3 は　=2^3

(1)数値を利用した数式

　セル C1 に「=1+2」と入力し Enter を押すと、セル C1 には「3」という答えが表示されます。このように、Excel では先頭に「=」があると、それ以下の文字列を数式と判断します。入力した数式は、「数式バー」で確認することができます。

(2)セルアドレスを参照した数式

　セルアドレスを参照した数式を作成すると、その参照しているセルに入力された数値が変更されたときでも、数式はそのままで正しい計算結果を表示できます。セル A2 に「1」、B2 に「2」と入力し、セル C2 に「=A2+B2」と入力すると、セル C2 には「3」が表示されます。セル A2 の値を「10」に変更すると、セル C2 の表示は自動的に「12」となります。

　セルアドレスは、キーボードから入力することもできますが、マウスでセルをクリックして入力することもできます。

【例題 2.3.1：ハワイ研修旅行費用計算表③】

　　　「ハワイ研修旅行費用計算表」を開いて、図2−15を参考に、費目2を一人当たりの金額に換算しましょう。完成したブックは、上書き保存しましょう。

	A	B	C	D	E	F	G	H	I	J
1	情報活用技術大学	ハワイ研修	費用計算表							
2	18	人で算出	$1=	88	円		参考資料	ハワイ旅行者数		
3		全体	一人あたり				基準	170	万人	
4		$	$	¥	備考(摘要)		年度	人数(人)	基準との差	
5	費目1			104000	航空券		1990	1492785	-207215	
6	費目2	2460	136.6667	12026.67	バス　ハワイ島4日間		1993	1666275	-33725	
7	費目3	670			バス　オアフ島2日間		1996	2146883	446883	
8	費目4	3430.88			宿泊　ハワイ島4泊		1999	1825587	125587	
9	費目5	2633.35			宿泊　オアフ島2泊		2002	1483121	-216879	
10	費目6		11.94		食費		2005	1522366	-177634	

図2−15　ハワイ研修旅行費用計算表③の解答例

＜操作手順＞

（数式の入力）

①例題2.2.4で保存した「ハワイ研修旅行費用計算表」を開きます。

②セル C6 をアクティブセルにします。

③ Shift + ［ー］で「=」を入力します。

④セル B6 をクリックします。セル C6 には「=B6」と表示されます。

⑤テンキーから「/」を入力します（IME を OFF にした状態の ［・］ でも入力できます）。セル C6 には「=B6 /」と表示されます。

⑥セル A2 をクリックします。セル C6 には「=B6 / A2」と表示されます。

⑦ Enter を押します。セル C6 には計算結果の「136.6667」が表示されます。

⑧同様に、セル D6 に数式を入力します。ここでは、「=C6＊D2」と入力して、Enter を押します。セル D6 には計算結果の「12026.67」が表示されます。

（文字の入力）

　⑨図 2−15 を参考に、セル G2〜I10 の文字や数字を入力しましょう。このとき、セル H3
　　には「170」、セル I3 には「万人」と数字と文字でセルを分けて入力しましょう。

（ブックの保存）

　⑩クイックアクセスツールバーの 🖫 （上書き保存）をクリックします。ファイル名「ハ
　　ワイ研修旅行費用計算表」に上書き保存されます。

Seminar 2.3　2.10 節のスタンダード課題で、課題 2.10.2-1 を作成しましょう。

2.3.2　列幅と行高の変更と行や列の非表示

> **X**　列や行の見え方を変えてみましょう。

　Excel では、列の幅や行の高さを自由に変更することができます。それによって見やすい表
になったり、インパクトのある表が作成できたりします。また、場合によっては表示したく
ない行や列も存在します。たとえば、数式に使用するためには必要なデータであっても、表
では見せたくない数値や見る必要のない数値などです。このような場合は、その行や列を表
示しないという方法があります。

　また、複数のセルを 1 つにまとめたほうが美しい表になるときや、タイトルを表の幅の中
央に配置したいときなどには、セルの結合が利用できます。

(1)列の幅と行の高さの変更

　列の幅を変更するには、その列の列番号の境界線をドラッ
グします。たとえば、A列の幅を変えたいときは、A列とB列
の間の境界線上でポインタが ✛ に変化する位置を見つけてそ
こからドラッグしてください（図 2−16）。ドラッグを始める

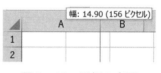

図 2−16　列幅の変更

と数値が表示されますが、この数値（図 2−16 では 14.90）は、セルに入る文字数を意味して
います。したがって、この数値が大きいほど列幅が広いといえます。

　行の高さを変更するときも同様です。ポインタが ✛ に変化する位置からドラッグしてくだ
さい。ただ、セルの高さを表す数値は、文字数ではなく、ポイント数となります。ポイント
は「pt」と略します。1 ポイントは $\frac{1}{72}$ インチです。1 インチは 2.54cm だから、換算すると 1
ポイントは約 0.3528mm となります。

(2)複数の行の幅と列の高さの一括変更

　同じ意味をもつ項目が並んでいる場合、ビジネス文書の常識としてはその項目を同じ幅に

揃える必要があります。このようなときに複数の列の幅が一括で変更でき、しかも同じ幅に揃うととても便利です。Excel ではこの作業を、幅を揃えたい複数の列を同時に選択しておいて（2.2.1 項参照）その中の任意の列番号の境界線をドラッグするだけで実現します。複数の行で高さを揃える場合も同様です。

(3)列の幅と行の高さの最適化

　セルに入力された文字数や文字サイズを元に、Excel が最適な幅や高さを設定してくれる機能があります。この機能は、ポインタが✛や✚に変化する場所でダブルクリックするだけで使用できます。ダブルクリックすると、入力されている文字の長さによって、セル幅は伸縮します。高さは、もともと文字の大きさによって自動的に調整されています。したがって、この機能が有効となるのは、任意にセルの高さを変更したり、指定したりした後で最適化したいときとなるでしょう。

(4)列や行の非表示と再表示

　ある列を一時的に削除するには、列を表示させない機能を利用すると良いでしょう。列を削除してしまうと、後でまた必要になったときは、データを入力し直さなければなりません。非表示にしただけならば、再表示することも可能です。この機能は、［ホーム］－［セル］－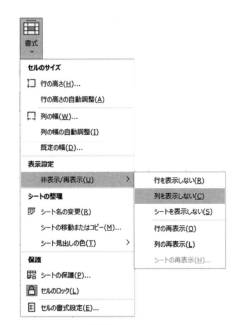（書式）のメニューにある「非表示/再表示」を利用します。非表示にしたい列をアクティブにしておいて、そのメニューで「列を表示しない」を選択します（図 2－17）。

　非表示の列を挟むように左右の列をアクティブにして、［ホーム］－［セル］－（書式）メニューから「列の再表示」を選択すると、非表示だった列が表示されます。たとえば、

図2－17 　（書式）のメニュー

B列が非表示になっているときには、A～C列（実際には2列）をアクティブにしてから、「列の再表示」をクリックすると、B列が表示されます。

(5)セルの結合

　Excel では、複数のセルを結合して1つのセルとして扱うこともできます。隣接したセルを

アクティブセルにして[ホーム]－[配置]－ （セルを結合して中央揃え）をクリックすると、その複数のアクティブセルは結合されて 1 つのセルとして扱われます。結合を解除する場合は、その結合されたセルをアクティブセルにして、もう一度 （セルを結合して中央揃え）をクリックします。

(6)複数行の文字列の表示

 1 つのセルの中で複数行を表示するには、[ホーム]－[配置]の （折り返して全体を表示する）を利用します。 （折り返して全体を表示する）をクリックすると、アクティブセルの書式が変更され、セル幅を超える文字数の文字がそのセルに入力されていたときは、文字列を折り返し、セルの高さを調整してセルに入力されたすべての文字が表示できるようにします。もう一度、 （折り返して全体を表示する）をクリックするとこの書式は解除されます。

 セル内の文字列の改行の位置を指定したい場合は、その改行位置にカーソル（点滅する縦棒）を置き、 [Alt]＋[Enter] を押してください。

【例題 2.3.2：ハワイ研修旅行費用計算表④】

 「ハワイ研修旅行費用計算表」を開いて、図 2－18 を参考に、タイトルを表の中央に配置し、列幅を調節しましょう。長い項目名を 2 段で表示しましょう。完成したブックは、上書き保存しましょう。

	A	B	C	D	E	F	G	H	I
1		情報活用技術大学 ハワイ研修 費用計算表							
2	18	人で算出	1$=		88 円		参考資料	ハワイ旅行者数	
3		全体	一人当たり		備考		基準	170 万人	
4		$	$	¥	(摘要)		年度	人数(人)	基準との差
5	費目1			104000	航空券		1990	1492785	-207215
6	費目2	2460	136.666667	12026.667	バス ハワイ島4日間		1993	1666275	-33725
7	費目3	670			バス オアフ島2日間		1996	2146883	446883
8	費目4	3430.88			宿泊 ハワイ島4泊		1999	1825587	125587
9	費目5	2633.35			宿泊 オアフ島2泊		2002	1483121	-216879
10	費目6		11.94		食費		2005	1522366	-177634

図 2－18 ハワイ研修旅行費用計算表④の解答例

＜操作手順＞

（セルを結合して中央揃え）

 ①例題 2.3.1 で保存した「ハワイ研修旅行費用計算表」を開きます。

 ②セル A1～E1 をアクティブセルにして、[ホーム]－[配置]－ （セルを結合して中央揃え）をクリックしてください。タイトルが表の幅（A～E 列）の中央に配置されます。

③同様にセル C3〜D3、セル E3〜E4、セル A3〜A4、セル H2〜I2 を結合して中央揃えにしてください。

（複数行の文字列の表示）

④セル E3 をダブルクリックしてください。セル E3 が編集できるようになります。

⑤「備考」と「(摘要)」の間をクリックします。カーソルがその位置で点滅します。

⑥ [Alt] + [Enter] を押してください。その位置で改行され、文字列が 2 行で表示されます。

（列幅の調整）

⑦列 A〜E までをアクティブにします。

⑧アクティブな列番号の境界線のひとつで、ポインタが **✛** となるのを確認して、ダブルクリックしてください。各列の幅が最適化されます。

⑨列 B〜C をアクティブにします。

⑩列 B と列 C の境界線でポインタが **✛** となる位置を確認して、そこから列幅が「10.00」文字になるように調整してください。ドル建てを意味する 2 列が、10 文字分の列幅で揃います。

⑪同様に列 D の列幅を 9.00 文字、列 E を 22.00 文字、列 F を 1.00 文字、列 I を 17.00 文字に調整してください。

（行の高さの調整）

⑫行 1 と行 2 の境界線でポインタが **✛** となるのを確認して、行の高さが「30」pt（ポイント）になるように調整してください。

（ブックの保存）

⑬クイックアクセスツールバーの 💾 （上書き保存）をクリックします。ファイル名「ハワイ研修旅行費用計算表」に上書き保存されます。

$Seminar\,2.4$　2.10 節のスタンダード課題で、課題 2.10.2-2 を作成しましょう。

2.3.3　フォントと文字の配置の変更

> **X**　フォントや文字の配置を変更し、見やすい表を作成しましょう。

Excel では、表示されている文字や数値のフォント（字体）やフォントサイズを変更することができます。また、下線（アンダーライン）や斜体（イタリック）のような飾り付けも可能です。そして、各セル内で文字や数値の表示位置を任意に設定することもできます。

この機能を利用して、複数のセルからなる表の幅の中央に、大きな字でタイトルを配置し、項目をバランスよく調整することで、美しい表を作成することができます。

(1)フォントサイズの変更

フォントの大きさを変更するには、[ホーム]−[フォント]− 11 ▾ （フォントサイズ）を利用します。フォントサイズを変更したいセルをアクティブセルにして、 11 ▾ のメニューの数字にポインタを合わせてください。合わせた数字によってアクティブセルの文字のサイズが変化します。この操作でワークシートを見ながら適当なサイズを選択してください。数字は大きいほど、文字のサイズは大きくなります。

[ホーム]−[フォント]− A˄ A˅ （フォントサイズの拡大と縮小）を利用すると、現在設定されているフォントサイズから1段階大きな（小さな）フォントサイズに変更できます。このボタンを数回クリックして、表全体のバランスを見ながらフォントサイズを決定すると良いでしょう。また、数字の表示されている部分をクリックして、直接キーボードから数字を入力することもできます。サイズの候補がない場合でも、直接数字を入力することで 1〜409pt の指定ができます。

(2)フォントの変更

フォントの変更をするには、[ホーム]−[フォント]− 游ゴシック ▾ （フォント）を利用します。フォントの変更をしたいセルをアクティブセルにして、フォントのメニューで、表示される字体にポインタを合わせてください。合わせた字体によってアクティブセルのフォントが変化します。

(3)フォントの飾りや色の変更

同じフォントでも、少し太く（ボールド）したり、斜体（イタリック）にしたりすると印象が変わります。また文字に下線（アンダーライン）を付けて目立たせることもできます。このような飾り付けには、[ホーム]−[フォント]− **B** *I* U （太字・斜体・下線）を利用します。それぞれのボタンをクリックすると、アクティブセルのフォントが少し太くなったり、斜めに表示されたり、下線が引かれたりと変化します。また下線はメニューから D （二重下線）を選択することもできます。

フォントの色を変更すると、その色のもつイメージや色分けからも美しい表が作成できます。最近のプレゼンテーションでは、スクリーンに映す資料は当然カラーですが、聴衆の手元に配布する資料でもカラープリントが増えてきました。フォントの色を変更するには、[ホーム]−[フォント]− A （フォントの色）を利用します。 A （フォントの色）をクリックすると、アクティブセルの文字がそのボタンの表示している色に変わります。他の色を選ぶときは、 A （フォントの色）のメニュー（図 2−19 左）から選択します。また、このメニ

ューにない色を選択したい
ときは、このメニューの最
下行にある 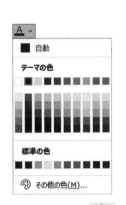（その他の
色）をクリックして表示さ
れる「色の設定」ダイアロ
グボックス（図2−19右）
から選択します。

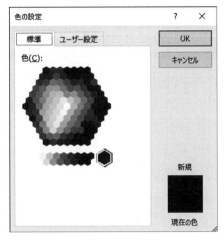

図2−19 **A**（フォントの色）のメニュー（左）と、
「色の設定」ダイアログボックス（右）

(4)セル内の文字の配置

　Excel では、文字はセルの
左寄せで、数値は右寄せで表
示されます。この設定を変更
することができます。文字の
配置の変更には、[ホーム]−
[配置]−≡ ≡ ≡（左揃
え・中央揃え・右揃え）を利
用します。セルの端から一定
の余白を設けるためには、
≡ ≡（インデントを減ら
す・増やす）を利用できま
す。

　また、文字をセル幅に対し
て均等に配置する「均等割り
付け」は、[ホーム]−[配置]

図2−20 「セルの書式設定」ダイアログボックスの[配置]タブ

−（方向）のメニューから（セルの配置の設定）をクリックすると、「セルの書式
設定」ダイアログボックスの[配置]タブ（図 2−20）が表示されます。このダイアログボック
スの[文字の配置]の[横位置]のメニューから、「均等割り付け（インデント）」を選択してく
ださい。

2.3.4　セルの値の表示形式

セルの値によって、さまざまな表示形式があることを理解しましょう。

セルに入るデータは、さまざまな表示形式で表現できます。大きな桁数の数字を見やすく桁区切りしたり、小数点以下の桁数を指定したり、日付をグレゴリオ暦（西暦）で表示したり元号で表示したりと、入力されたデータは同じでも、見た目を変化させることができます。

また、一度セルに設定された表示形式は「標準」に設定しなおすまで維持されます。Excelでは入力されたデータから、自動的に表示形式を設定する機能もあるので、作成者の意図しない表示形式に勝手に設定されてしまうこともあります。表示形式の変更方法を理解しておいて、このような事態に備えましょう。

(1)通貨表示形式、パーセントスタイル、桁区切りスタイル

Excel で扱う表では、金額を表示する機会が多くあります。このようなときに、利用したいのが「通貨表示形式」です。この機能では、そのメニューから「¥」だけではなく、「$（ドル）」や「€（ユーロ）」や「£（ポンド）」のような代表的な通貨記号に加えて、さまざまな国の通貨記号が利用できます。

「パーセントスタイル」を適用すると、アクティブセルの数値は 100 倍され「%」記号が付き、整数に四捨五入されます。たとえば、「0.256」と入力されているセルに「パーセントスタイル」を適用すると「26%」となります。「25.6%」のように小数第 1 位までを表示したい場合は、「小数点以下の表示桁数を増やす」（下記(2)）を併用してください。

「桁区切りスタイル」は、数値を 3 桁ごとにカンマで区切り、表示上は整数に四捨五入します。たとえば、「1234.5」と入力されているセルに「桁区切りスタイル」を適用すると、「1,235」となります。この書式では、マイナスの数字は赤色で表示されます。

これらのスタイルを利用するには、スタイルを変更したいセルをアクティブにしてから、[ホーム]－[数値]－（通貨表示形式、パーセントスタイル、桁区切りスタイル）をクリックします。

(2)小数点以下の表示桁数を増やす、減らす

数値の小数点の桁数をコントロールするのが、[ホーム]－[数値]－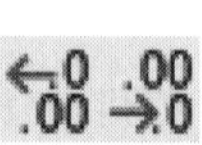（小数点以下の表示桁数を増やす、減らす）です。このボタンをクリックすることで、元の桁数よりも 1 桁増減しますが、これはセルの書式として四捨五入されて見えているだけで、実際の数値が四捨五入されるわけではありません。

(3)日付形式

Excel に入力された日付は、シリアル値という概念で管理されます（2.7.1 項参照）。このシリアル値をもとに、表示形式ではさまざまな日付を表現できます。［ホーム］－［数値］－ 標準 （表示形式）のメニューから、日付形式を選択します。このメニューでは、「長い日付形式」と「短い日付形式」の2つの表示形式が選択できるようになっています。たとえば、「長い日付形式」では「1962 年 3 月 14 日」、「短い日付形式」では「1962/3/14」と表示できます。

「3 月 14 日」のように「1962 年」を省いて表示したい場合や、「昭和 37 年 3 月 14 日」のように元号付き（和暦）で表示したい場合には、 標準 （表示形式）のメニューの最下行にある「その他の表示形式」をクリックしてください。「セルの書式設定」ダイアログボックスの[表示形式]タブが表示され、「分類」の「日付」を選択したときに表示される「種類」から、それらの表示形式を選択できます。この「種類」の2つ下にある「カレンダーの種類」を「グレゴリオ暦」から「和暦」に変更すると、元号付きの日付が選択できます（図2－21）。

図2－21　「セルの書式設定」ダイアログボックスの
[表示形式]タブ（分類：日付）

(4)標準

セルに表示形式が設定されている場合は、セルの数値を削除するだけでは書式は削除されません。何度数値を入力し直しても、意図しない形式で表示されてしまうときは、以前に設定された書式が維持されている可能性があります。この場合、そのセルをアクティブセルにすると、［ホーム］－［数値］－ 標準 （表示形式）が 日付 のように「標準」以外のものになっているはずです。このようなときは、 標準 （表示形式）のメニューから 123 （標準）を選択して、「標準」に戻すことを覚えておきましょう。

$\mathcal{C}$*olumn 2.5* 🖌 （書式のコピー/貼り付け）

　書式を設定したセルをアクティブセルにして、[ホーム]－[クリップボード]－🖌（書式のコピー/貼り付け）をクリックすると、ポインタが🔒🖌に変化します。🔒🖌でコピー元の書式を適用したいセルをドラッグすると、書式の貼り付けが行われます。セル書式を 🕐123（標準）に戻すために、書式設定のされていないセルをアクティブセルにして、🕐123（標準）をコピーすることもできます。

【例題 2.3.4：ハワイ研修旅行費用計算表⑤】

　　　　「ハワイ研修旅行費用計算表」を開いて、図2－22を参考に、セル書式の設定をしましょう。完成したブックは、上書き保存しましょう。

	A	B	C	D	E	F	G	H	I
1	情報活用技術大学　ハワイ研修　費用計算表								
2	18 人で算出		$1=		88 円		参考資料	ハワイ旅行者数	
3		全体	一人あたり		備考		基準	170 万人	
4		$	$	¥	（摘要）		年度	人数(人)	基準との差
5	費目1			¥104,000	航　　　空　　　券		1990	1,492,785	-207,215
6	費目2	$2,460.0	$136.67	¥12,027	バス　ハワイ島4日間		1993	1,666,275	-33,725
7	費目3	$670.0			バス　オアフ島2日間		1996	2,146,883	446,883
8	費目4	$3,430.9			宿泊　ハワイ島4泊		1999	1,825,587	125,587
9	費目5	$2,633.4			宿泊　オアフ島2泊		2002	1,483,121	-216,879
10	費目6		$11.94		食　　　　　　費		2005	1,522,366	-177,634

図2－22　ハワイ研修旅行費用計算表⑤の解答例

＜操作手順＞

（フォントの大きさ・種類・飾り・色の変更）

①例題2.3.2で保存した「ハワイ研修旅行費用計算表」を開きます。

②タイトルのフォントサイズを「16」に変更します。セル A1 をアクティブセルにして、[ホーム]－[フォント]－A゙（フォントサイズの拡大）を3回クリックしてください。

③タイトルのフォントの種類を「MS明朝」に変更します。セル A1 をアクティブセルにして、[ホーム]－[フォント]－ 游ゴシック ▼ （フォント）のメニューで、「MS明朝」を選択してください。

④タイトルのフォントを「太字」にして「下線」を付けます。セル A1 をアクティブセルにして、[ホーム]－[フォント]－ **B**（太字）と U（下線）のボタンをクリックしてください。

⑤タイトルのフォントの色を青色に変更します。セル A1 をアクティブセルにして、[ホーム]－[フォント]－ <img (フォントの色) のメニューで、「標準の色」リストの右から3つ目の「青」を選択します。

(セル内の文字の配置の変更)

⑥項目名を中央揃えにします。セル B3～D4 をアクティブセルにして、[ホーム]－[配置]－≡ (中央揃え) をクリックします。同様にセル G4～G10、H4～I4 も中央揃えにします。

⑦備考の各項目を均等割り付けします。セル E5～E10 をアクティブセルにして、[ホーム]－[配置]－ <img (方向) のメニューから <img (セルの配置の設定) をクリックして「セルの書式設定」ダイアログボックスを表示します。

⑧「セルの書式設定」ダイアログボックスの[配置]タブの「横位置」のメニューから、「均等割り付け (インデント)」を選択し、「OK」ボタンをクリックします。

(通貨表示形式、桁区切りスタイルの設定)

⑨価格に「$」や「¥」を付けます。セル D5～D10 をアクティブセルにして、[ホーム]－[数値]－ <img (通貨表示形式) をクリックします。

⑩セル B5～C10 をアクティブにして、[ホーム]－[数値]－ <img (通貨表示形式) の右端の ˅ をクリックして表示されるリストから「$英語 (米国)」をクリックします。

⑪セル H5～I10 をアクティブにして、[ホーム]－[数値]－ **,** (桁区切りスタイル) をクリックします。

(小数点以下の表示桁数の調整とブックの保存)

⑫セル B5～B10 をアクティブセルにして、[ホーム]－[数値]－ <img (小数点以下の表示桁数を減らす) を1回クリックしてください。

⑬クイックアクセスツールバーの <img (上書き保存) をクリックします。ファイル名「ハワイ研修旅行費用計算表」に上書き保存されます。

> *Seminar 2.5*　2.10 節のスタンダード課題で、課題 2.10.2-3 を作成しましょう。

2.3.5 罫線とセルの塗りつぶし

> ▣ **表を装飾しましょう。**

Excel で作成された表は、そのままでは罫線（けいせん）が印刷されません。ワークシート上では、縦横に線が引かれセルが枠で表示されていますが、これは作業上に必要なものとして表示されているにすぎません。プリントアウトに罫線を表示するには、改めて罫線を設定する必要があります。Excel では、セル単位に罫線を引くことができます。

また、項目名などのセルに色を付けて、表を見やすくする方法もよく用いられます。Excel では「セルの塗りつぶし」と呼ばれていますが、印刷業界ではこの作業を「網かけ」（あみかけ）と呼んでいます。そして、背景を塗りつぶす濃度を%で示します。たとえば、「黒の網かけ 15%」といえば、薄い灰色が文字の背景に塗られます。

Excel は、表を「テーブル」と呼ばれる特別な表に置き換える機能（2.9.3 項参照）がありますが、本項ではまず通常の表の状態で罫線やセルの塗りつぶし機能を利用して装飾する方法について説明します。

図2−23
（罫線）のメニュー

(1)罫線

セルに罫線を引くには、[ホーム]−[フォント]−▦（罫線）を利用します。▦（下罫線）をクリックするとアクティブセルの下辺に罫線が引かれます。通常は、表を作成してから罫線を引くことが多いので、表の範囲をアクティブにしておいてこの機能を使うことが多いでしょう。

罫線の種類を変更するには、▦（罫線）のメニュー（図2−23）で使用する罫線を選択します。よく利用される罫線には、▦（格子）や▦（太い外枠）や▦（下二重罫線）などがあります。この機能は、同じセルに重ねて使用することができるので、複数の隣接したセルを選択しておいて、▦（格子）と▦（太い外枠）をクリックすると、外枠が太くて、中は細い枠の表ができます。表に設定した罫線を削除するには、▦（枠なし）を利用します。

また罫線の一部を削除するには、▦（罫線）のメニューの◇（罫線の削除）をクリックして表示される✐（罫線の削除ポインタ）を削除対象の罫線上でクリックします。

さらに、 ▦（その他の罫線）を選択する
と、「セルの書式設定」ダイアログボックスの
[罫線]タブ（図 2−24）が表示されます。この
ダイアログボックスでは線のスタイルや色を選
択して、仕上がりを確認しながら罫線を引く作
業を続けることができます。なお、セルに斜め
の罫線を引く場合は、◳や◲をクリックし
てください。

図2−24 「セルの書式設定」ダイアログ
ボックスの[罫線]タブ

(2)セルの塗りつぶし

セルの背景を塗りつぶすには、[ホーム]−[フ
ォント]−🎨（塗りつぶしの色）を利用しま
す。🎨（塗りつぶしの色）をクリックする
と、このボタンで表示されていた色がアクティブセルの背景に塗られます。項目名にこの機
能を使って、他のセルとの違いを表現するなどの場合によく利用されます。

塗りつぶしの色を変更するには、🎨（塗りつぶし
の色）のメニュー（図 2−25）で使用する色を選択し
ます。ポインタをこのメニュー上のカラーパターンに
置くと、その色がセルに反映され、仕上がりのイメー
ジが確認できます。また、このメニューにない色を選
択したいときは、フォントの色の変更（2.3.3 項(3)参
照）と同様で、このメニューの最下行にある🎨（そ
の他の色）をクリックして表示されるパレットから選
択します。

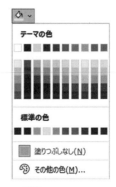

図2−25 🎨（セルの塗りつぶし）
のメニュー

2.3.6 簡単な条件付き書式

> **X** 条件によってセルの書式を変更する方法を理解しましょう。

Excel では、セルに指定した条件によって書式を変更する機能があります。本項では簡単に
利用できる条件付き書式について説明します。

この機能を利用するには、[ホーム]−[スタイル]−▦（条件付き書式）を利用します。こ
こでは、マウスのクリックだけで設定できる機能であり、条件に合ったデータだけを強調す

るように書式を設定する （上位/下位ルール）と、各データの大きさをセル内に棒グラフ
で表示する （データバー）について説明します。

(1)上位/下位ルール

　表の数値を比較して、ベスト 10 や平均より大きな数値などのセルの書式を変更して、他の
セルと見分けがつきやすくします。

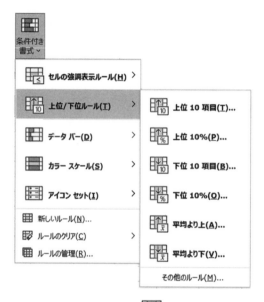

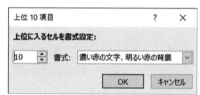

図 2−26 （上位/下位ルール）のメニュー（左）と、
「上位 10 項目」ダイアログボックス（右）

　この機能は、[ホーム]−[スタイル]− （条件付き書式）− （上位/下位ルール）のメ
ニュー（図 2−26 左）から、 （上位 10 項目）や （平均より上）を選択して利用しま
す。それぞれのメニューに該当するダイアログボックス（図 2−26 右）が表示され、その条
件に合うときのセルの書式を選択することが
できます。

(2)データバー

　数値の大きさを比較するには棒グラフが便
利です。もちろん Excel では本格的なグラフを
作成する機能が備わっています（2.5 節参
照）。しかし、「データバー」機能を使えば、
ワークシートのセル内でデータの大きさを棒

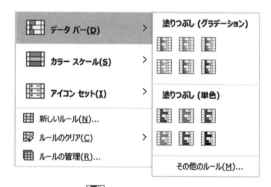

図 2−27 （データバー）のメニュー

グラフのように表示することが可能です。この機能を利用するには、まず比較したいデータ
の入った複数のセルをアクティブセルにします。そして、[ホーム]－[スタイル]－🔲（条件
付き書式）－🔲（データバー）のメニュー（図2－27）から、任意の色を選択します。デー
タバーでは、バーが長いほどセルに入力された数値が大きいことを示しています。

(3)条件付き書式の解除

　条件付き書式を解除するには、[ホーム]－[スタイル]－🔲（条件付き書式）－🔲（ルー
ルのクリア）をクリックします。するとメニューが表示され、「選択したセルからルールを
クリア」と「シート全体からルールをクリア」が選択できます。

【例題 2.3.6：ハワイ研修旅行費用計算表⑥】

　　　　「ハワイ研修旅行費用計算表」を開いて、図2－28を参考に罫線を引きましょう。
　　　　そして、数値の大きさを比較したいセルに条件付き書式を設定しましょう。完成し
　　　　たブックは、上書き保存しましょう。

	A	B	C	D	E	F	G	H	I
1	情報活用技術大学　ハワイ研修　費用計算表								
2	18人で算出		$1=		88円		参考資料	ハワイ旅行者数	
3		全体		一人あたり		備考	基準	170万人	
4		$	$	¥		(摘要)	年度	人数(人)	基準との差
5	費目1			¥104,000	航　　空　　券		1990	1,492,785	-207,215
6	費目2	$2,460.0	$136.67	¥12,027	バス　ハワイ島4日間		1993	1,666,275	-33,725
7	費目3	$670.0			バス　オアフ島2日間		1996	2,146,883	446,883
8	費目4	$3,430.9			宿泊　ハワイ島4泊		1999	1,825,587	125,587
9	費目5	$2,633.4			宿泊　オアフ島2泊		2002	1,483,121	-216,879
10	費目6		$11.94		食　　　　　費		2005	1,522,366	-177,634

図2－28　ハワイ研修旅行費用計算表⑥の解答例

＜操作手順＞

(罫線の設定)

　①例題2.3.4で保存した「ハワイ研修旅行費用計算表」を開きます。

　②セルA3～E10アクティブセルにします。

　③[ホーム]－[フォント]－🔲（罫線）－🔲（格子）をクリックします。表のセルの縦横
　　に罫線が引かれます。

　④セルA3～E10がまだアクティブセルであることを確認して、[ホーム]－[フォント]－🔲
　　（罫線）－🔲（太い外枠）をクリックします。表の外枠に太い罫線が引かれます。

⑤セル A3～E4 をアクティブセルにします。

⑥[ホーム]－[フォント]－ （罫線）－ （下二重罫線）をクリックします。項目が入力されているセルの下の罫線が二重線に変更されます。同様にセル G4～I10 にも罫線を引きます。

（条件付き書式：「データバー」の設定）

⑦セル B5～B10 をアクティブセルにします。

⑧[ホーム]－[スタイル]－ （条件付き書式）－ （データバー）を選択します。

⑨表示されるメニューの「塗りつぶし（グラデーション）」から、青のデータバーをクリックします。セル内に青の棒グラフが表示されます。

⑩同様にセル I5～I10 を選択して、オレンジのデータバーを設定しましょう。データのプラス部分はオレンジの棒グラフ、マイナス部分は赤の棒グラフで表示されます。

（ブックの保存）

⑪クイックアクセスツールバーの （上書き保存）をクリックします。ファイル名「ハワイ研修旅行費用計算表」に上書き保存されます。

Seminar 2.6　2.10 節のスタンダード課題で、課題 2.10.2-4 を作成しましょう。

2.4 関数と絶対参照

《Excel スタンダード編》

2.4 関数と絶対参照
2.5 グラフ
2.6 印刷

　Excel では計算に便利な機能として、さまざまな関数が用意されています。本格的な表計算を実行する場合、数式がとても長くなってしまったり、複雑になってしまいます。また、四則演算だけでは不可能な処理もあります。このようなときに、関数を利用すればとても簡単に処理ができます。

　実際の表計算では、何行にも入力されたデータに対して、同じ数式を適用することができるため、先頭のセルに入力した数式をコピーして利用する機会が多くあります。このようなときに必要な知識として、絶対参照があります。数式をコピーしても参照しているセルが移動しない方が良い場合は、絶対参照を利用します。

　どのような関数をどのような場面で使用するか、どのセルを絶対参照にするかを考えながら作業できることは、表を効率的に作成するために最も重要な能力のひとつです。

2.4.1　関数の基本

X　簡単な関数を利用した数式の作成方法を学びましょう。

　合計や平均を求める場合は、足し算や割り算を使えばできます。たとえば、10 個の数字を合計する例（図2−29）を考えてみましょう。

	A	B	C	D	E	F	G	H	I	J
1	1	2	3	4	5	6	7	8	9	10
2										
3		合計		数式						
4	加算	55	←	=A1+B1+C1+D1+E1+F1+G1+H1+I1+J1						
5	関数	55	←	=SUM(A1:J1)						

図2−29　10個の数字の合計（四則演算と関数）

　セル A1〜J1 に 1〜10 までの 10 個の数値が入力されています。セル B4 には足し算で、セル B5 には関数を利用して10個の数値の合計を計算した結果が表示されています。もちろん、両者とも「55」で結果は同じです。セル B4 の数式を見ると、

　　　　　　「=A1+B1+C1+D1+E1+F1+G1+H1+I1+J1」

と入力されています。セル B5 は、

　　　　　　「=SUM(A1:J1)」

と入力されています。両者を比較すると、明らかに関数を利用した方が短い数式を作成でき

たことがわかります。関数を使わない数式では、合計する数値が 100 個になったら、数式の長さは約 10 倍、1000 個になったら約 100 倍の長さになってしまいます。しかし、関数を使った数式では合計する数値が 10 個でも 1000 個でも、その長さはほとんど変わりません。このように、関数は非常に便利で簡単に利用できるものです。それでは、関数の書き方（書式）を説明しましょう。基本的な関数の書式は次のようになります。

> **=関数名（引数）**
>
> ・引数(ひきすう)に指定された内容に従って、その関数名で指定された処理を行います。

　先頭の「＝」は数式の始まりを表します（2.3.1 項参照）。「関数名」には、あらかじめExcel で合計や平均を意味する言葉として登録されている英字が入ります。たとえば、合計を求める場合は「SUM」、平均を求める場合は「AVERAGE」、最大値を求める場合は「MAX」、最小値を求める場合は「MIN」のような英字が Excel では関数名として使用されています。引数には、計算の対象となる数値やセルアドレスを入力します。セルアドレスはひとつずつカンマで区切って入力することもできますし、コロンで区切って範囲として指定することもできます。したがって、「=SUM(A1:J1)」は、「セル A1〜J1 の範囲に入力された 10 個の数値の合計を求めてください」という意味になります。

　Excel ではさまざまな関数が用意されています。[数式]タブをクリックすると「財務」「論理」「文字列操作」「日付/時刻」「検索/行列」「数学/三角」「その他の関数」に分類された[関数ライブラリ]グループ（図 2−30）が表示されます。本節では簡単な関数について説明します。その他の関数の活用方法については、2.7 節を参照してください。

図 2−30　[数式]−[関数ライブラリ]グループ

(1)合計・平均・最大値・最小値

　表計算で最もよく行われることは、数値の合計や平均を求めることでしょう。Excel ではこれらの計算が簡単に実行できるように[ホーム]−[編集]に $\sum$（オート SUM）が用意されています。計算結果を表示させたいセルをアクティブセルにして $\sum$ をクリックすると、Excel が集計する範囲を判断

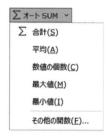

図 2−31　$\sum$（オート SUM）のメニュー

して、セルを点滅する点線で囲みます。その集計範囲が正しければ、そのまま 〔 Enter 〕 を押す
だけです。集計範囲を指定しなおすには、マウスで正しい集計範囲を改めてドラッグします。
それらの集計範囲は自動的に関数 SUM の引数に入力されます。

　平均や最大値など他にもよく使う計算は、$\sum$（オート SUM）のメニュー（図 2-31）か
ら選択できます。

(2)条件による処理の変更

　「得点が 60 点以上だった
ら合格と表示する」とか、
「3 個以上購入した場合
は、定価から 1 割引して支
払額を表示する」のよう
に、ある条件を満たせば結
果の処理方法を変えたい場
合があります（図 2-32
左）。

▲	A	B	C	D
1	定価	購入数	支払額	
2	300	1	300	
3	300	2	600	
4	300	3	810	←1割引
5	300	4	1080	←1割引

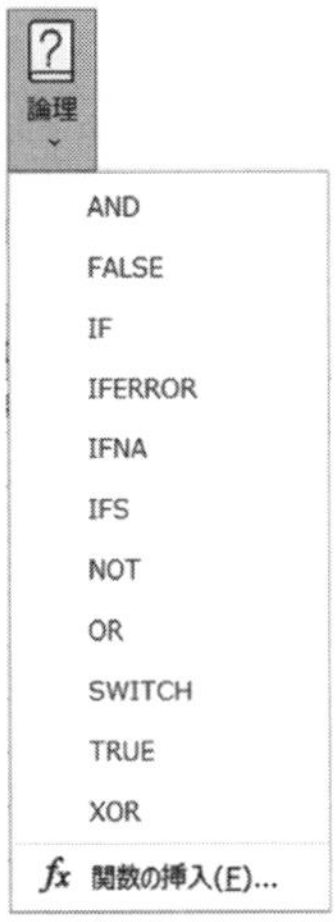

図 2-32　関数 IF の例（左）と、[?]（論理）のメニュー（右）

　このような場合、Excel
では関数 IF を利用します。関数 IF は[数式]−[関数ライブラリ]−[?]（論理）のメニュー
（図 2-32 右）から選択できます。「IF」をクリックすると「関数の引数」ダイアログボック
ス（図 2-33）が表示されます。

　このダイアログボックスで数式を完成させます。まず、「論理式」という欄で、処理を分
けるときの条件を入力します。ここでは「セル A1 に"晴れ"と入力されている」とか「セル A1
の数値は 60 以上である」のような条件文を式で表します。この式で使用される特別な記号を
比較演算子（表 2-2）と
呼びます。Excel が論理式
をチェックした結果、条
件を満たしていれば「真
（TRUE）」、そうでな
ければ「偽（FALSE）」
と判断します。

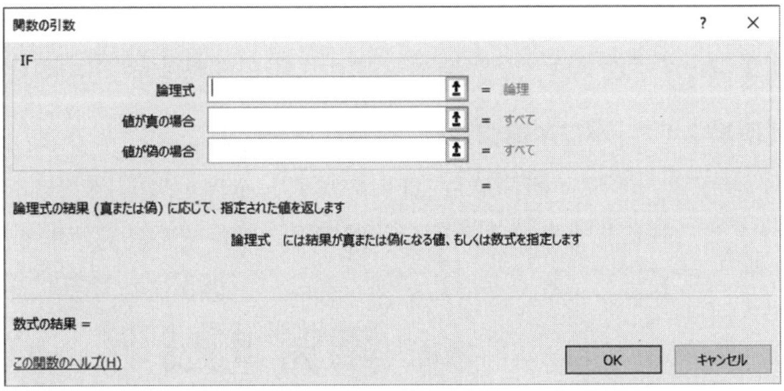

図 2-33　関数 IF の「関数の引数」ダイアログボックス

表2−2 Excelの関数IFの論理式で用いる比較演算子

意味	記号	読み方	使用例
右辺と左辺が等しい	=	イコール	A1="晴れ"　　A1=10　　A1=A2
右辺が大きい	<	小なり	A1<60　　A1<A2　　A1<A1＊10
左辺が大きい	>	大なり	
右辺が左辺以上	<=	小なりイコール	A1>=60　　A1<= B1+C1　　A1^2>=B2-1
左辺が右辺以上	>=	大なりイコール	
右辺と左辺が等しくない	<>	小なり大なり	A1<>"雨"　　A1/B1<>B1/A1

　「真の場合」には、論理式で「真」と判断された場合に処理する数式を記入します。同様に、「偽の場合」には、論理式で「偽」と判断された場合に処理する数式を記入します。「3個以上購入した場合は、定価から1割引して支払額を表示

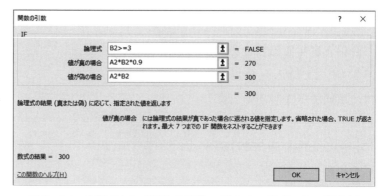

図2−34 関数IFの「関数の引数」ダイアログボックス記入例

する」という例（図2−32）のセルC2では、論理式に「B2>=3」、真の場合に「A2＊B2＊0.9」、偽の場合に「A2＊B2」と入力しています（図2−34）。一般の数式を作成するときと同様、セルアドレスはキーボードから直接入力できるだけではなく、セルをクリックして入力することもできます。このダイアログボックスでは、論理式の判定結果（FALSE）や真の場合の計算結果（270）、偽の場合の計算結果（300）、そして最終的に表示される結果（300）が表示されており、作業結果を確認しながら数式を作成していくことができます。

　数式で文字を扱うときは、ダブルクォーテーションマーク（"）で文字を囲んでください。ダブルクォーテーションマークで囲まなかった文字は、セルの「名前」として扱われます。関数名などが正確に入力されているのに、「#NAME?」というエラーメッセージが表示されるときは、ダブルクォーテーションマークの必要性を思い出してください。

【例題 2.4.1：ハワイ研修旅行_費用計算表⑦】

　　　　「ハワイ研修旅行_費用計算表」を開いて、図2−35を参考に合計と平均を関数で計算しましょう。また、基準の170万人以上の年度には「○」を付けるように工夫しましょう。完成したブックは、上書き保存しましょう。

注：この例題で、[ホーム]−[数値]− （通貨表示形式、パーセントスタイル、桁区切りスタイル、小数点以下の表示桁数を増やす、減らす）を用いてセル書式を変更した場合、指定した桁数に四捨五入されたように表示されます。実際にセル内の数値データが四捨五入されたわけではないので、計算上の誤差が出ているように見えることがありますが、気にしないでください。

	A	B	C	D	E	F	G	H	I	J
1	情報活用技術大学　　ハワイ研修　　費用計算表									
2	18 人で算出		$1=		88 円		参考資料	ハワイ旅行者数		
3		全体	一人あたり		備考		基準	170 万人		基準
4		$	$	¥	(摘要)		年度	人数(人)	基準との差	達成
5	費目1			¥104,000	航　　　空　　　券		1990	1,492,785	-207,215	
6	費目2	$2,460.0	$136.67	¥12,027	バス　ハワイ島4日間		1993	1,666,275	-33,725	
7	費目3	$670.0			バス　オアフ島2日間		1996	2,146,883	446,883	○
8	費目4	$3,430.9			宿泊　ハワイ島4泊		1999	1,825,587	125,587	○
9	費目5	$2,633.4			宿泊　オアフ島2泊		2002	1,483,121	-216,879	
10	費目6		$11.94		食　　　　　　費		2005	1,522,366	-177,634	
11	合計	$9,194.2	$148.61	¥116,027			平均	1,689,503		

図2-35　ハワイ研修旅行費用計算表⑦の解答例

＜操作手順＞

（文字の入力）

①例題 2.3.6 で保存した「ハワイ研修旅行費用計算表」を開きます。

②セル A11 に「合計」、G11 に「平均」、J3 に「基準達成」と入力します。このとき、自動的に罫線が引かれてしまう場合があります。不要な罫線は削除しましょう。もし、セル A11 の左右に罫線が自動的に引かれた場合は、[ホーム]-[フォント]- ⊞ （罫線）- ◇（罫線の削除）をクリックして表示される （罫線の削除ポインタ）を、これらの罫線上でクリックして削除します。

③セル J3 と J4 の 2 つのセルを結合して中央揃えにします。そして、「基準」と「達成」の間にカーソルを置いて、[Alt]＋[Enter]を押してください。文字が折り返して 2 行になります。セル J3 のフォントサイズを「8」pt（ポイント）に、列 J の幅を「4」文字に設定してください。

（関数で求める合計と平均）

④セル B11 をアクティブセルにして、[ホーム]-[編集]- ∑ （オート SUM）をクリックしてください。引数の選択範囲が点滅する点線で表示され、アクティブセルには「=SUM(B6:B10)」と表示されます。

⑤このままでは、費目 1 のセルを含めずに合計をしてしまうので、マウスでセル B5～B10 をドラッグして選択し、[Enter]を押してください。計算結果として「$9,194.2」と表示されます。

⑥セル H11 をアクティブセルにして、∑ （オート SUM）のメニューから「平均」を選択してください。引数の選択範囲が点滅する点線で表示され、アクティブセルには「=AVERAGE(H5:H10)」と表示されます。

⑦引数の選択範囲が正しいことを確認し、[Enter]を押してください。計算結果として「1,689,503」と表示されます。

（数式のコピーと書式の調整）

⑧セル B11〜D11 をアクティブセルにします。

⑨[ホーム]−「編集」− ↓ （フィル）− → （右方向へコピー）を選択します。計算式と書式（通貨）がコピーされます。

⑩セル C11 の小数桁を修正するためにセル C11 をアクティブセルにします。

⑪[ホーム]−[数値]− ⬆️0.00 （小数点以下の表示桁数を増やす）をクリックして、小数点第 2 位まで表示されるようにします。

⑫セル D11 をアクティブにして、[ホーム]−[数値]− 🆒 （通貨表示形式）をクリックします。「¥」書式が適用されます。

（関数 IF で数式を作成）

⑬セル J5 をアクティブセルにして、[数式]−[関数ライブラリ]− ？ （論理）のメニューから「IF」を選択してください。

⑭表示される「関数の引数」ダイアログボックスに以下のように入力し、「OK」ボタンをクリックしてください。偽の場合の""では、ダブルクォーテーションマークの間に文字がないので、何も表示しないという意味になります。セル J5 は基準を達成していないので、何も表示されないのが正解です。

論理式 ：	H5>=1700000
真の場合 ：	"○"
偽の場合 ：	""

⑮セル J5〜J10 をアクティブセルにして、[ホーム]−「編集」− ↓ （フィル）の ↓ （下方向へコピー）を選択します。計算式と書式がコピーされます。

⑯[ホーム]−[配置]− ☰ （中央揃え）をクリックして文字の位置を中央にします。

（ブックの保存）

⑰クイックアクセスツールバーの 💾 （上書き保存）をクリックします。ファイル名「ハワイ研修旅行_費用計算表」に上書き保存されます。

$Seminar\ 2.7$　2.10 節のスタンダード課題で、課題 2.10.3-1 を作成しましょう。

Column 2.6 （エラーチェックオプション）

セルの左上隅に （エラーチェック）が表示されるセルがあります。これは Excel がそのセルに入った数式がエラーではないかと警告しているマークです。そのセルをアクティブにすると表示される をクリックすると、エラーチェックのメニュー（図 2−36）が表示されます。Excel が何をエラーだと判断しているかは、1 行目に表示されています。それを参考に対応を検討してください。Excel の判断が間違っている場合は、そのまま何もしないでも結構ですが、セルの左上隅の が気になるようならば、このメニューで「エラーを無視する」を選択してください。

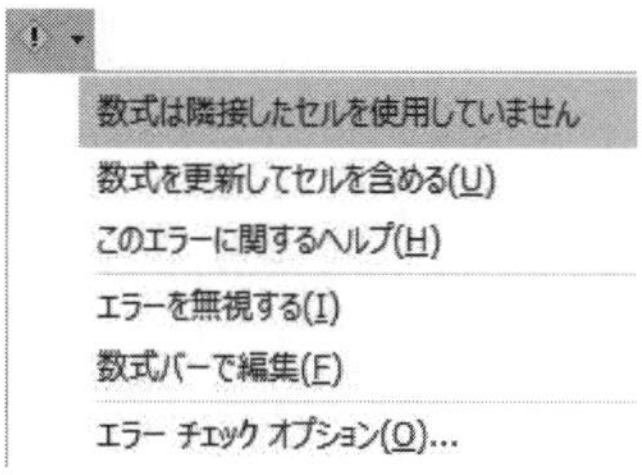

図 2−36　エラーチェックのメニューの例

2.4.2　絶対参照

数式をコピーしたときに移動しないセルアドレスの指定方法を理解しましょう。

数式でセル参照を使用する場合がよくあります。たとえば、セル A1 に入力された数値を 2 倍する場合は、「=A1*2」と入力します。この数式はセル A1 をセル参照しているということになります。

セル参照には、相対参照・絶対参照・複合参照の 3 種類があります。本項では、この 3 種類の参照方法について、それぞれの利点と利用方法について説明します。

(1)相対参照

数式をコピーすると、その中で使用されているセル参照もコピー元のセルから動いた分だけ移動しています。図 2−37 の例では、勤務時間×時給で日給を求めています。

セル D3 には「=B3*C3」と数式が入力されています。これをセル D6 までコピーすると、セル D6 の数式は「=B6*C6」のようにセルアドレスが自動的に変化しています。これは、もともと B3 という表現が、「セル B3 を参照しなさい」という

	A	B	C	D	E	F
1						
2		勤務時間	時給	日給		
3		7	¥1,030	¥7,210		=B3*C3
4		5	¥9,680	¥48,400		
5		4	¥1,080	¥4,320		
6		6	¥990	¥5,940		=B6*C6

図 2−37　相対参照の例

意味ではなく、「セルD3から見るとB3は2つ左のセル」という意味だったのです。つまり、B3はセルD3から見た相対的な位置を示していたということで、このようなセル参照を「相対参照」と呼びます。

相対参照は、1つの数式をコピーするだけで他のセルにも利用できるという意味でとても便利な機能です。

(2)絶対参照・複合参照

相対参照に対して絶対参照があります。絶対参照は、数式をコピーしてもセル参照のアドレスは変化しません。つまり、絶対的な位置を示しています。図2-38の例では、支店の販売額から目標達成率を計算しています。

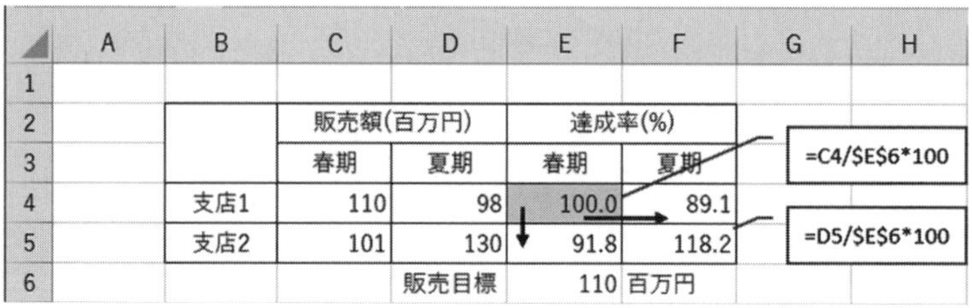

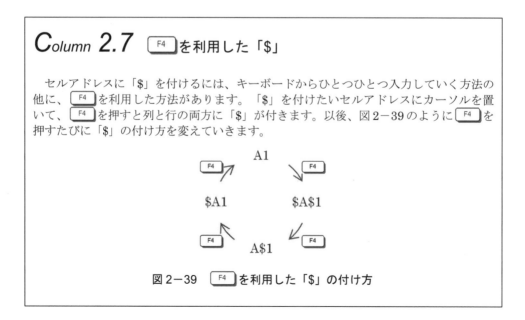

図2-38 絶対参照の例

セルE4には販売額÷販売目標額×100で達成率を求めています。したがって、このセルには「=C4/$E$6*100」と数式が入力されています。セルE4をフィルハンドルでセルF5までコピーすると、このセルF5の数式は「= D5/$E$6*100」のようにセルアドレスが変化します。

Column 2.7 F4 を利用した「$」

セルアドレスに「$」を付けるには、キーボードからひとつひとつ入力していく方法の他に、 F4 を利用した方法があります。「$」を付けたいセルアドレスにカーソルを置いて、 F4 を押すと列と行の両方に「$」が付きます。以後、図2-39のように F4 を押すたびに「$」の付け方を変えていきます。

```
           A1
   F4 ↗        ↘ F4

$A1              $A$1

   F4 ↖        ↙ F4
           A$1
```

図2-39 F4 を利用した「$」の付け方

ここで、注目したいのは「$E$6」の部分です。この部分はコピーをしてもセルアドレスが変化していません。なぜなら、このセルアドレスには「$」が使われているからです。このように「$」を付けることによって、セル E6 は縦横のどの方向にコピーされてもセルアドレスは変化しないので、このようなセル参照は「絶対参照」と呼ばれています。

　絶対参照では「$」が 2 つ使用されていました。実は、セルアドレスを列と行に分けて考えると「$」の使用方法がわかりやすくなります。絶対参照では、「$E」でE列を固定し、「$6」で 6 行目を固定しています。つまり、「$」を前に置かれた行や列はコピーしても移動できないというわけです。

　図2−40の例を見てみましょう。この例では、ポイントに倍率をかけて獲得できるポイント数を表示しています。セル B3 には「ポイント×倍率」ということで、「=$B4*C$3」と数式が入力されています。「$B4」というセル参照は、「$B」で B 列を固定しますが、

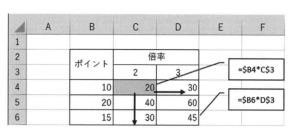

図2−40　複合参照の例

「4」行目は自由です。したがって、右へのコピーでは B 列は固定されていますが、下へのコピーでは「4」は「5」、「6」…と変化していきます。このように列または行のどちらかを固定したセル参照を「複合参照」と呼びます。

【例題 2.4.2：ハワイ研修旅行費用計算表⑧】

　　　　「ハワイ研修旅行費用計算表」を開いて、図 2−41 を参考に、絶対参照や複合参照を利用してセルを参照する数式に変更しましょう。完成したブックは、上書き保存しましょう。

	A	B	C	D	E	F	G	H	I	J
1	情報活用技術大学　ハワイ研修　費用計算表									
2	20 人で算出		$1=		92 円		参考資料	ハワイ旅行者数		
3		全体	一人あたり		備考		基準	165 万人		基準達成
4		$	$	¥	(摘要)		年度	人数(人)	基準との差	
5	費目1			¥104,000	航　　空　　券		1990	1,492,785	-157,215	
6	費目2	$2,460.0	$123.00	¥11,316	バス　ハワイ島４日間		1993	1,666,275	16,275	○
7	費目3	$670.0	$33.50	¥3,082	バス　オアフ島２日間		1996	2,146,883	496,883	○
8	費目4	$3,430.9	$171.54	¥15,782	宿泊　ハワイ島４泊		1999	1,825,587	175,587	○
9	費目5	$2,633.4	$131.67	¥12,113	宿泊　オアフ島２泊		2002	1,483,121	-166,879	
10	費目6		$11.94	¥1,098	食　　　　　費		2005	1,522,366	-127,634	
11	合計	$9,194.2	$471.65	¥147,392			平均	1,689,503		

図 2−41　ハワイ研修旅行費用計算表⑧の解答例

＜操作手順＞

（複合参照の数式の入力）

①例題 2.4.1 で保存した「ハワイ研修旅行費用計算表」を開きます。

②セル C6 をダブルクリックして編集可能な状態にします。この数式をセル C9 までコピーすることを考慮して「$」を付ける位置を決めます。下方向にコピーされるこの数式では、参照されているセル A2 の行を固定する必要があることがわかります。

③「=B6/A2」の「A2」について、行番号の前に$を付け、「=B6/A$2」と数式を修正します（図 2−41 の数値は、操作手順⑦でデータを変更したものです。この段階では、$136.67 が結果として表示されます）。

（数式のコピーと書式の調整）

④セル C6〜C9 をアクティブセルにして、[ホーム]−「編集」−　↓　（フィル）の　↓　（下方向へコピー）を選択します。計算式と書式がコピーされます。

⑤セル C9 をダブルクリックして、コピーで作成された数式が参照しているセルの正しいことを確認しましょう。

⑥続いて同様に、セル D6 を「=C6*D$2」、I5 を「=H5-H$3*10000」、J5 を「=IF(H5>= H$3*10000,"○","")」と修正し、必要なセルまでコピーします。

（データと罫線の修正）

⑦セル A2 を「20」、D2 を「92」、H3 を「165」に修正し、結果が正しく表示されるかを確認します。

⑧数式のコピーによってセル書式もコピーされます。このため罫線の一部の設定が変わってしまっている場合があります。今回は、太罫線の一部が細くなっています。罫線を修正しておきましょう。

（ブックの保存）

⑨クイックアクセスツールバーの　🖫　（上書き保存）をクリックします。ファイル名「ハワイ研修旅行費用計算表」に上書き保存されます。

Seminar 2.8　2.10 節のスタンダード課題で、課題 2.10.3-2 を作成しましょう。

《Excel スタンダード編》
2.4 関数と絶対参照
2.5 グラフ
2.6 印刷

2.5 グラフ

　数値を比較するためのプレゼンテーション資料を作る場合に、グラフはとても大きな意味をもちます。グラフはデータをビジュアルに表現することができるので、聴衆は数値を読み取ることなく一目瞭然で傾向を把握することができます。グラフにはさまざまな種類がありますが、表現する目的によって適したものがあります。本節では、グラフの種類と作成方法について詳しく説明します。

2.5.1　データ分析に適したグラフ

> **X**　グラフの特徴を知り、目的に応じてグラフを使い分けましょう。

　Excel ではさまざまなグラフが用意されています。「棒グラフ」「折れ線グラフ」「円グラフ」はその代表的なものです。これらのグラフは、大きさ・変化・割合など表現したいものによって使い分けます。たとえば、商品の売上額を比較したり、数人の身長を比較したりするような数値の大きさを**比較**する場合には「棒グラフ」が適しています。一方、毎日の気温の変化や、最近 10 年間の身長の変化など数値の**変化**を表す場合には「折れ線グラフ」が適しています。また、総売上に占める各商品の売上の割合（シェア）や政党支持率など数値の**割合**を表す場合には「円グラフ」が適しています。

　[挿入]−[グラフ]（図 2−42）には、▯▯（縦棒/横棒グラフの挿入）、✕✕（折れ線/面グラフの挿入）、◔（円またはドーナツグラフの挿入）、⠿（散布図またはバブルチャートの挿入）などのさまざまなグラフが用意されています。本節では最もよく利用する棒グラフ、折れ線グラフ、円グラフについて説明します。

　Excel でグラフを作成する場合、まずそのグラフで使用するデータが入力されているセル範囲をアクティブセルにします。そして、[挿入]−[グラフ]グループにある各種のグラフコマンドボタンをクリックします。Excelで作成されたグラフは、ワークシートに貼り付けられた図やオンライン画像（クリップアート）(1.6 節参照）と同様のオブジェクトとして扱え、他のアプリケーションソフト（Word や PowerPoint など）で利用することもできます。

図 2−42　[挿入]−[グラフ]グループ

2.5.2 棒グラフ

棒グラフの作成方法を理解しましょう。

棒グラフを作成する場合は、[挿入]－[グラフ]－▮▮（縦棒グラフの挿入）のメニュー（図2－43 左）から作成する棒グラフのタイプを選択します。選択できる棒グラフのタイプには「2－D 縦棒」、「3－D 縦棒」などがあります。

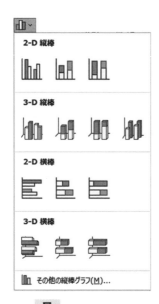

図2－43 ▮▮（縦棒グラフの挿入）のメニュー（左）と、Alt を利用したグラフの配置（右）

グラフが作成された直後はグラフの周りが枠で囲まれています。これはグラフがアクティブであることを示しています。この枠がないときは、グラフ内の任意の場所をクリックすると、そのグラフがアクティブになります。グラフの枠をドラッグするとグラフの位置を変更することができます。また、グラフの枠の ◯（右下隅や横のハンドル）などをドラッグすると、グラフのサイズを変更することができます。

Alt を押しながら枠やハンドルをドラッグすると、グラフをセルの幅や高さときっちりと合わせることができ、ていねいな作業を印象づけることができます（図2－43 右）。

グラフを削除するときは、そのグラフをアクティブにして Delete を押してください。

2.5.3 グラフツール

グラフの要素を変更する方法を理解しましょう。

グラフには、さまざまな要素があります（図 2－44）。グラフ全体を「グラフエリア」と呼

びますが、その中には、グラフのタイトルを示す「グラフタイトル」や、構成要素の説明を表す「凡例」（はんれい）、グラフを描いている「プロットエリア」があります。「プロットエリア」の中には、縦横の軸やグラフの床面、背景などを表す各要素があり、それぞれの要素は色を変えたり表示の位置を変えたりして、さらに説得力のあるグラフへとカスタマイズすることができます。

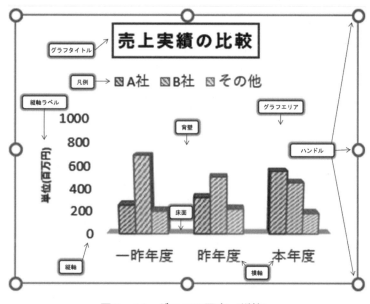

図2−44　グラフの要素（縦棒）

　グラフをアクティブにすると、［グラフのデザイン］コンテキストタブ、［書式］コンテキストタブ（図 2−45）が表示され、グラフの要素を調整していくときに利用します。［グラフのデザイン］タブでは、［データ］グループで「行/列の切り替え」ができます。「グラフ スタイル」グループでは、あらかじめ用意された数種類のフォーマットから、好みのスタイルを選択することができます。

　［書式］タブでは、［図形のスタイル］グループで要素に枠線を追加したり、背景を塗りつぶしたりすることができます。

図2−45　［グラフのデザイン］と［書式］コンテキストタブ

2.5.4 折れ線グラフ

> X 折れ線グラフの作成方法を理解しましょう。

[挿入]−[グラフ]−（折れ線グラフの挿入）のメニュー（図 2−46 左）には、「2−D 折れ線」と「3−D 折れ線」が用意されています。図 2−46 右は、2 社の売上の変化を折れ線グラフで表した例です。このグラフを見ると、A 社の業績が年を追うごとに上がっていく様子がすぐにわかります。

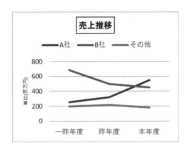

図 2−46 （折れ線グラフの挿入）のメニュー（左）と、折れ線グラフの例（右）

2.5.5 円グラフ

> X 円グラフの作成方法を理解しましょう。

[挿入]−[グラフ]−（円またはドーナツグラフの挿入）のメニューには、「2−D 円」と「3−D 円」等が用意されています（図 2−47 左）。図 2−47 右は、ある業界のシェアを表しています。A 社と B 社の 2 社がこの業界の主流ですが、円グラフで見ると A 社が本年度は 5 割近いシェアをもっていることがわかり、業界トップであることが一目瞭然です。

円グラフでもさまざまなカスタマイズが可能ですが、この例では、[グラフツール]−[デザイン]−[グラフのレイアウト]で（クイックレイアウト）の（レイアウト 1）を選択しました。そして、グラフ内のデータ

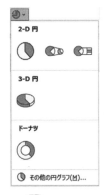

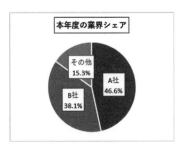

図 2−47 （円またはドーナツグラフの挿入のメニュー（左）と、円グラフの例（右）

ラベルをアクティブにして[書式]−[現在の選択範囲]− 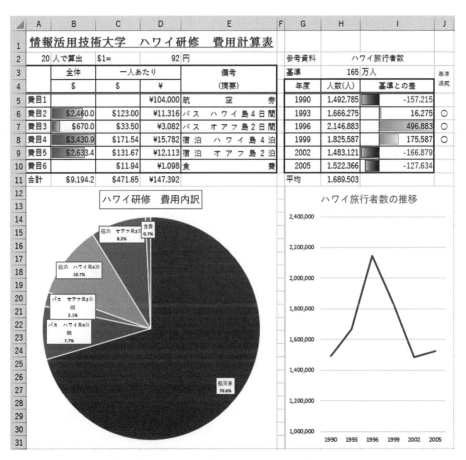（選択対象の書式設定）をクリックして表示される「データラベルの書式設定」作業ウィンドウの ◼◼◼（ラベルオプション）「表示形式」のメニューで、カテゴリを「標準」から「パーセンテージ」に変更し、「小数点以下の桁数」を「1」に変更しました。

【例題 2.5.5：ハワイ研修旅行費用計算表⑨】

「ハワイ研修旅行費用計算表」を開いて、図 2−48 を参考に、費用の内訳を示す円グラフと 1990 年〜2005 年までのハワイへの旅行者数の変化を示す折れ線グラフを作成しましょう。そして、要素を調整し、見やすいグラフを作成し、サイズをセル幅に合わせてきっちりと設定しましょう。完成したブックは、上書き保存しましょう。

＜操作手順＞

（円グラフの作成）

図 2−48　ハワイ研修旅行費用計算表⑨の解答例

①例題 2.4.2 で保存した「ハワイ研修旅行費用計算表」を開きます。

②セル A5〜A10 と D5〜D10 の 2 つの範囲を同時にアクティブにして、[挿入]−[グラフ]− (円またはドーナツグラフの挿入) − (円) を選択します。平面的な円グラフが作成されます。

③[グラフのデザイン]−[グラフのレイアウト]− (クイックレイアウト) の (レイアウト 1) を選択します。凡例が削除され、ラベル（費目 1〜6 とパーセント）がグラフに表示されます。

④グラフタイトルをアクティブにして、「グラフタイトル」となっているタイトルを「ハワイ研修費用内訳」に変更します。

（円グラフの移動とサイズの変更と編集）

⑤ Alt を押しながら円グラフの枠をドラッグして、グラフの左上をセル A12 に合わせます。

⑥グラフの右下のハンドルを Alt を押しながらドラッグして、セル E31 に合わせます。

⑦タイトルをアクティブにして、[書式]−[図形のスタイル]− Abc （枠線のみ-青 アクセント 1）をクリックします。タイトルに枠線が付きます。

⑧費目 1〜6 を「備考」の内容に置き換えます。[グラフのデザイン]−[データ]− （データの選択）で表示される「データソースの選択」ダイアログボックス（図 2−49）の「横（項目）軸ラベル」の「編集」をクリックします。

⑨表示された「軸ラベル」ダイアログボックスの「軸ラベルの範囲」が反転していることを確認して、セル E5〜E10 を選択し「OK」ボタンをクリックします。

⑩「データソースの選択」ダイアログボックスに戻るので、さらに「OK」ボタンをクリックして、このダイアログボックスを閉じます。

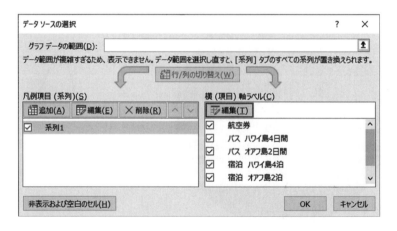

図 2−49　「データソースの選択」ダイアログボックス

⑪ラベルの１つ（たとえば「食費」）をクリックしてすべてのラベルをアクティブにして、[グラフツール]－[書式]－[図形のスタイル] [Abc]（枠線のみ 青 アクセント 1）をクリックします。すべてのラベルに枠線が付きます。

⑫ラベルをアクティブにして[書式]－ 🖐 （選択対象の書式設定）をクリックして表示される「データラベルの書式設定」作業ウィンドウの 📊 （ラベルオプション）「表示形式」のメニューで、カテゴリを「標準」から「パーセンテージ」に変更し、「小数点以下の桁数」を「1」に変更します。そして、「ラベルの位置」で「内部外側」、[ホーム]－[フォント]グループでフォントサイズを 7pt にして配置を整えます。

（折れ線グラフの作成、移動、編集）

⑬セル H4〜H10 をアクティブセルにして、[挿入]－[グラフ]－ 〽 （折れ線グラフの挿入）－ 〽 （折れ線）を選択します。

⑭[グラフのデザイン]－[グラフのレイアウト]－ 📊 （クイックレイアウト）－ 📈 （レイアウト 3）を選択します。凡例を削除するために、[グラフのデザイン]－[グラフのレイアウト]－ 📊 （グラフ要素の追加）－ 📊 （凡例）で 📊 （なし）を選択します。

⑮項目が 1〜6 となっている部分を「年度」の内容に置き換えます。[グラフのデザイン]－[データ]－ 📊 （データの選択）で表示される「データソースの選択」ダイアログボックスの「横（項目）軸ラベル」の「編集」をクリックします。表示された「軸ラベル」ダイアログボックスの「軸ラベルの範囲」が入力可能になっていることを確認して、セル G5〜G10 を選択し「OK」ボタンをクリックします。「データソースの選択」ダイアログボックスに戻るので、さらに「OK」ボタンをクリックして、このダイアログボックスを閉じます。

⑯グラフタイトルをアクティブにして、「人数（人）」となっているタイトルを「ハワイ旅行者数の推移」に変更します。

⑰グラフ内の縦軸をアクティブにして[書式]－[現在の選択範囲]－ 🖐 （選択対象の書式設定）をクリックして「軸の書式設定」作業ウィンドウを表示し、 📊 （軸のオプション）で「最小値」を「1000000」と入力して ✖ （閉じる）をクリックします。

⑱折れ線グラフをセル F12〜J31 の範囲にぴったりと合わせます。

（ブックの保存）

⑲クイックアクセスツールバーの 💾 （上書き保存）をクリックします。ファイル名「ハワイ研修旅行費用計算表」に上書き保存されます。

Seminar 2.9 2.10 節のスタンダード課題で、課題 2.10.4 を作成しましょう。

《Excel スタンダード編》
2.4 関数と絶対参照
2.5 グラフ
2.6 印刷

2.6 印刷

Excel では、美しく表やグラフを印刷することができます。用紙のサイズや向き、余白など
を設定して、望むサイズで印刷することも可能です。

また余白にヘッダーやフッターを入力することも可能です。印刷前には「印刷プレビュー」
で実際の印刷イメージを確認することができます。「印刷プレビュー」を十分に活用して、
印刷で失敗しないように確認しましょう。[ファイル]−[印刷]をクリックすると、印刷設定や
印刷プレビューが表示されます。

2.6.1 印刷プレビュー

X 印刷プレビューで印刷イメージを確認しましょう。

Excel には、さまざまな表示方法があります。通常は「標準」モードで表を作成しているの
で印刷時のイメージがつかみにくいのですが、[表示]−[ブックの表示]− 📄 （ページレイア
ウト）で余白を表示して作業することもできます。

実際に作業をしていると、ワークシート上では文字が全部表示されているのに、印刷する
と文字がはみ出してしまったり、表示されなかったりする場合があります。これは、ワーク
シート上で使用しているフォントと印刷に用いるフォントが微妙に異なるからです。そのた
め実際の印刷イメージは、「印刷プレビュー」で確認する必要があります。

「印刷プレビュー」は印刷設定画面に表示されます。[ファイル]−[印刷]をクリックすると、
Excel のワークシートが印刷時のイメージで表示され、用紙の向きや余白、表の罫線などが確
認できます。「印刷プレビュー」を終了する場合は、 ← （戻る）をクリックします。

印刷プレビューを終えて戻ってきたワークシートには、ページの区切りを示す点線が表示
されているので、「標準」モードで作業を続けるときも改ページ位置がわかって便利です。

2.6.2 ヘッダーとフッター

X ヘッダーとフッターの設定方法を理解しましょう。

ページの余白に文字を表示することができ、ページの上方に表示する文字をヘッダー、下
方に表示する文字をフッターと呼びます。ヘッダーには、作成日時や使用する目的、作成者
の氏名などを入力しておくことがよくあります。フッターには、ページ番号やロゴ、連絡先
などを入力しておくと何ページにもわたる資料を作成した場合は、ひとつひとつ入力する必

要がないので便利です。

この機能を利用するには、[挿入] [テキスト]  （ヘッダーとフッター）をクリックします。するとワークシートの表示形式が「ページレイアウト」モードになり、[ヘッダーとフッター]コンテキストタブ（図2-50）が表示されます。

図2-50　[ヘッダーとフッター]コンテキストタブ

ヘッダー部分は「左側」、「中央部」、「右側」に分類され、クリックして文字を入力することができます。さらに、[ヘッダーとフッター]-[ヘッダーとフッター]- （ヘッダー）のメニューからは、ページ数やシート名、ファイル名、作成者名など通常の作業でよく用いられる表現を選択することができます。また、[ヘッダーとフッター]-[ヘッダー/フッター要素]にある （ページ番号）、 （ページ数）、 （現在の日付）、 （現在の時刻）、 （ファイルのパス）、 （ファイル名）、 （シート名）、 （図）などをクリックすると、パソコンが把握している状況からそれぞれの要素が入力されます。たとえば、フッターに「現在の日付」を設定しておくと、そのファイルを開くたびにその日の日付が入力されるので、印刷された資料を見るときに最新のものがどれかを判断するのに役立ちます。フッターでも同様の操作で、さまざまな要素が入力できます。ロゴマークなどを[ヘッダーとフッター]-[ヘッダー/フッター要素]- （図）で各ページのヘッダーに表示させることもできます。

ヘッダー/フッターの設定が終わったら、ワークシート上の任意のセルをクリックしてください。ヘッダー/フッターの入力モードが終了し、ワークシートへの入力が可能になります。「ページレイアウト」モードを「標準」モードに戻す場合は、[表示]-[ブックの表示]- （標準）をクリックします。

2.6.3　ページレイアウト

印刷の仕上がりを調整する方法を理解しましょう。

印刷の仕上がりのよさは、用紙の中にいかにバランスよく、表やグラフが配置されているかどうかで左右されます。そのためには、用紙サイズ、方向、余白の設定などの調整が必要になります。

(1)印刷範囲

　表全体を用紙の中央に配置したり、必要な部分だけを印刷したりする場合には「印刷範囲」を設定します。「印刷範囲」の設定は印刷対象とするセル範囲をアクティブにしてから、[ページレイアウト]−[ページ設定]−⬚（印刷範囲）−⬚（印刷範囲の設定）をクリックします。ワークシート上でその範囲を示す枠が表示されます。そして「名前ボックス」には「Print_Area」と表示されています。設定した印刷範囲を解除したいときは、[ページレイアウト]−[ページ設定]−⬚（印刷範囲）の「印刷範囲のクリア」を選択します。

(2)印刷の向きとサイズ

　通常、用紙は縦向きに設定されています。これを横に利用したいときは、[ページレイアウト]−[ページ設定]−⬚（印刷の向き）−⬚（横）をクリックします。用紙サイズを変更する場合は、[ページレイアウト]−[ページ設定]−⬚（サイズ）から用紙を選択してください。

(3)ページ設定／拡大縮小印刷

　1ページに収まらない少し大きな表を1ページに収めたい場合は、ページ数を設定して縮小する機能を利用できます。印刷範囲を設定した後で、[ページレイアウト]−[拡大縮小印刷]にある⬚（横）と⬚（縦）の値をそれぞれ「1ページ」に設定すると、Excel が縮小率を自動的に計算して1ページに収まるように調整します。

　拡大するときは、[ページレイアウト]−[拡大縮小印刷]−⬚（拡大/縮小）の値を大きくします。ただし標準の表示モードでは、拡大率の調整は見た目ではわからないので、この操作は、[表示]−[ブックの表示]−⬚（ページレイアウト）で表示される「ページレイアウト」モードで行う方が良いでしょう。

(4)印刷設定画面でのページレイアウト

　印刷範囲に設定したセルを用紙の中央に印刷するためには、[ページレイアウト]−[ページ設定]−⬚（余白）の「ユーザー設定の余白」をクリックして表示される「ページ設定」ダイアログボックスを利用します。そのダイアログボックスの[余白]タブ（図2−51左）の「ページ中央」で横方向の中央に表を設置する場合は「水平」、縦方向の中央に表を設置する場合は「垂直」のチェックボックスにチェックをします。

　「ページ設定」ダイアログボックスの[ページ]タブ（図2−51右）では、「拡大/縮小」の値を％で指定します。ここで拡大して「印刷プレビュー」をクリックして結果を確認して、その用紙サイズと向きにバランスよく配置されるように調整しましょう。

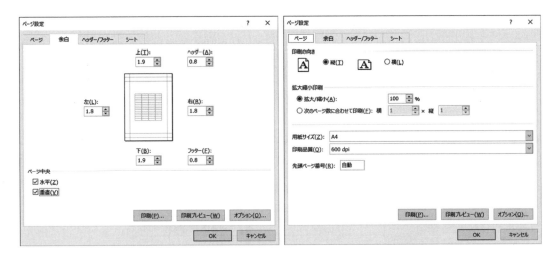

図2-51 「ページ設定」ダイアログボックスの[余白]タブ（左）と、[ページ]タブ（右）

2.6.4 印刷

> **X** 印刷プレビューでレイアウトを確認してから、必要枚数だけ印刷する方法を理解しましょう。

「印刷プレビュー」で十分に結果を確認してから、実際の印刷を実行しましょう。不要な印刷は、用紙が無駄になるだけではなく、プリンタを共有している他のメンバーにも迷惑をかけます。印刷は、必要に応じて必要なものだけを実行するように心がけましょう。

(1)印刷

印刷には、[ファイル]-[印刷]をクリックして表示される「印刷」Backstage ビューを用います。ここから、印刷をする前に出力するプリンタを選択したり、部数やその他の印刷オプションを選択したりできます。印刷の設定を確認して ⎙ （印刷）をクリックすれば印刷が実行されます。

(2)グラフの印刷

ワークシートの印刷で、必要な部分だけを印刷するときには、「印刷範囲の設定」（2.6.3項(1)参照）を利用しました。しかし、グラフだけを印刷する場合は、特に設定は必要ありません。印刷したいグラフをアクティブにするだけです。

実際には、表全体を印刷したいのにグラフだけが印刷されて困惑するケースがよくあります。しかし、印刷の前に「印刷」Backstage ビューで印刷結果を確認すれば、グラフだけが印刷されようとしているのがわかります。この場合は、他のセルをクリックするなどして、グラフのアクティブを解除してください。

【例題 2.6.4：ハワイ研修旅行費用計算表⑩】

　　「ハワイ研修旅行費用計算表」を開いて、図2−52を参考に印刷書式の設定を行いましょう。用紙を横向きに使用し、ヘッダーとフッターの設定をし、表とグラフが用紙の中央になるように調整しています。完成したブックは、上書き保存しましょう。

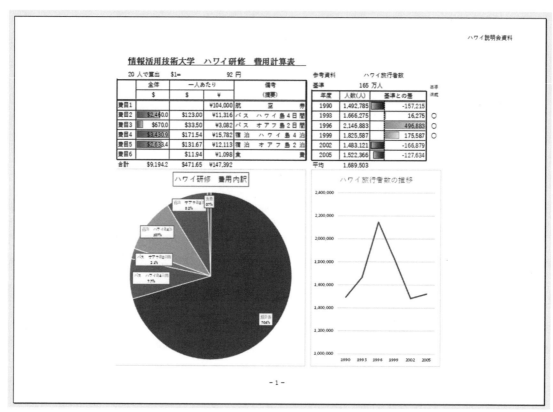

図2−52　ハワイ研修旅行費用計算表⑩の解答例

＜操作手順＞

(ヘッダーの設定)

①例題2.5.5で保存した「ハワイ研修旅行費用計算表」を開きます。

②[挿入]−[テキスト]の　　（ヘッダーとフッター）をクリックします。するとワークシートは「ページレイアウト」モードになり、「ヘッダーとフッター」編集モードになります。

③「ヘッダー」部分の「右側」をクリックして、「ハワイ説明会資料」と入力します。

④「フッター」部分の「中央部」をクリックして、「−　−」と入力します。

⑤「−　−」の中央にカーソルを置き、[ヘッダーとフッター]−[ヘッダー/フッター要素]−　　（ページ番号）をクリックします。「−　&[ページ番号]　−」と表示されます。

⑥ワークシート上のセルをクリックして、「ヘッダーとフッター」編集モードを解除します。

（印刷範囲の設定）

⑦セル A1〜J31 をアクティブにします。

⑧[ページレイアウト]−[ページ設定]−▣（印刷範囲）−▣（印刷範囲の設定）をクリックします。

（用紙の向き）

⑨[ページレイアウト]−[ページ設定]−▣（印刷の向き）−▢（横）をクリックします。

（ページレイアウト）

⑩[ページレイアウト]−[ページ設定]−▦（余白）の「ユーザー設定の余白」をクリックして、「ページ設定」ダイアログボックスを表示します。

⑪「ページ設定」ダイアログボックスの[余白]タブで、「ページ中央」の「水平」と「垂直」のチェックボックスにチェックをします。

⑫「ページ設定」ダイアログボックスの[ページ]タブで、「次のページ数に合わせて印刷」の値を「横 1×縦 1」にして「印刷プレビュー」ボタンを押して、印刷結果のイメージを確認してください。

（ブックの保存）

⑬⬅（戻る）をクリックして、「印刷」Backstage ビューを終了します。

⑭[表示]−[ブックの表示]−▦（標準）をクリックして、ワークシートの表示モードを標準に戻します。

⑮クイックアクセスツールバーの▣（上書き保存）をクリックします。ファイル名「ハワイ研修旅行費用計算表」に上書き保存されます。

Seminar **2.10**　2.10 節のスタンダード課題で、課題 2.10.5 を作成しましょう。

《Excel アドバンスト編》
2.7 便利な関数の応用
2.8 ワークシート操作
2.9 データベース機能

2.7 便利な関数の応用

合計や平均を求めたり、ある条件によって処理を変化させたりするための関数については、2.4 節で取りあげたので、関数という言葉はすでに「便利な機能」というイメージでとらえられるようになっているはずです。本節では、さらに便利な関数を紹介し、関数を用いなければ処理できないようなさまざまな計算を行います。ここで取りあげる関数は、「日付／時刻」、「文字列操作」、「検索／行列」、「論理」、「数学／三角」、「その他の関数」の中にある「統計」です。関数の引数の一部に関数を使用することもできます。この作業は少し複雑と感じることもありますが、試行錯誤しながら数式を完成させていく過程は、まるでパズルを解いていくような楽しさを味わうことができるでしょう。

Excel では、関数を[数式]－[関数ライブラリ]から選択して入力していくことができます。この方法では、「関数の引数」ダイアログボックスが表示され、その中で計算結果を確認しながら作業を進めることができます。慣れてくると、計算結果を表示したいセルに関数の数式を直接入力できるようになります。このときに便利なものとして「オートコンプリート」機能（図 2−53 左）があります。関数名の入力を始めると、その文字に該当する関数名をリストし、簡単な説明を表示してくれるので、関数名とその用途を正確に把握していなくても間違って使用する可能性は少なくなります。

図 2−53　関数の「オートコンプリート」機能（左）と、関数のヒント（右）

また、関数名に続いて引数を入れるための「(」を入力すると、そのセルの下に関数のヒント（図 2−53 右）が表示され、必要な引数や書式を教えてくれます。また、詳しい説明が必要ならば、ヒント内の関数名をクリックして「Excel ヘルプ」を表示してみると良いでしょう。この節では、関数をセルに直接入力していく方法で説明をしていきます。関数の中で関数を使用する場合などは、この「オートコンプリート」と「関数のヒント」を手がかりに作業を進めた方が、関数を使った数式が便利で理解しやすくなります。

2.7.1 日付／時刻

Excel では、日付に関して「シリアル値」(Serial date)という考え方を用いています。これは、ある日を基準に今日が何日目にあたるかを指折り数えていくようなものです。たとえば、昨日を基準に考えると、昨日が第 1 日目で、今日は第 2 日目となります。Excel では、1900 年1月1日を第1日目と考えています。実際に、日付をセルに入力して、シリアル値がどのようなものかを確かめてみましょう。たとえば、あるセルに「2015/3/14」と入力してみます。そのセルは、[ホーム]−[数値]にある「表示形式」で見ると「日付」に変わっています。この表示形式を「標準」に戻してみると「42077」になりました。これは、このセルで実際に保存されている数値が「42077」で、2015 年 3 月 14 日は、1900 年 1 月 1 日から数えると 42077 日目であることを示しています。このように日付で入力されたデータは、Excel 内部ではシリアル値として整数で管理されています。

時刻に関しては、シリアル値の小数部分で表現します。シリアル値が1つ増加することは、時間にすると 24 時間が経過したことになります。ということは、1 日のちょうど半分にあたる昼の 12 時は、1 日の半分ということで 0.5 日経過したと考えます。したがって、1.5 というシリアル値は、1900 年 1 月 1 日の正午という意味になります。分や秒についても同様に小数部分で表現できます。

シリアル値それ自体は普通の数値ですから、四則演算や関数の引数として使用することができます。

(1)TODAY・NOW

本日の日付や現在の時刻を表示するには、関数 TODAY や NOW があります。書式は以下のとおりです。

```
=TODAY( )
・現在の日付を表すシリアル値を返します。
```

```
=NOW( )
・現在の日付と時刻を表すシリアル値を返します。
```

この2つの関数には引数は必要ありませんが、必ず引数の始まりと終わりを示す括弧（かっこ）は必要です。この括弧を省略すると「#NAME?」とエラーが表示され、関数名が関数としてではなく、セルに定義された名前と解釈されてしまいます。

　これらの関数で入力されるのはシリアル値ですから、[ホーム]－[数値]－ 標準 ▼ （表示形式）で「短い日付形式」、「長い日付形式」、「時刻」を選択して表示形式を変更することができます。また、「その他の表示形式」の「日付」や「時刻」に用意された多くの表示形式から好みのものを選択することもできます。

Column 2.8　[Ctrl]を使用した現時点の日付や時刻の入力方法

　Excel は、よく使用する操作をショートカットキーとして登録しています。現時点の日付は [Ctrl]＋[;]（セミコロン）、時刻は [Ctrl]＋[:]（コロン）で入力されます。「=TODAY( )」や「=NOW( )」を用いたときは、再計算が実行されるたびに日付や時刻が更新されますが、ショートカットキーで入力したときは変化しません。ショートカットキーでは、その時点の日付や時刻がシリアル値として直接入力されます。

---

(2)YEAR・MONTH・DAY・DATE

　セルに「2015/3/14」と表示されているときに「年」として「2015」、「月」として「3」、「日」として「14」を整数で取り出したいことがあります。ただ、表示上は「2015/3/14」と見えていても、実際は「42077」というシリアル値が保存されているのを思い出しましょう。このようなシリアル値から年月日をそれぞれの数値で取り出すには、関数 YEAR、MONTH、DAY を使用します。逆に、年月日を表すそれぞれの数値からシリアル値を作成する場合は、関数 DATE を使用します。書式は以下のとおりです。

=YEAR(シリアル値)
・年を1900～9999(年)の範囲の整数で返します。

=MONTH(シリアル値)
・月を1～12(月)の範囲の整数で返します。

=DAY(シリアル値)
・日を1～31(日)の範囲の整数で返します。

=DATE(年，月，日)
・指定した日付を表すシリアル値を返します。

　引数のシリアル値には、シリアル値が入力されたセルアドレスを入力することができます。引数として日付を直接入力する場合は、「"2015/3/14"」のように日付をダブルクォーテーションマーク(")で囲んでください。

(3)HOUR・MINUTE・SECOND・TIME

　セルに「14:23:54」と表示されているときに「時刻」として「14」、「分」として「23」、「秒」として「54」を整数で取り出したいことがあります。ただ、表示上は「14:23:54」と見えていても、実際はシリアル値の小数点部分が「.599930555555556…」となっています。このようなシリアル値から時分秒をそれぞれの数値で取り出すには、関数 HOUR、MINUTE、SECOND を使用します。逆に、時分秒を表すそれぞれの数値からシリアル値を作成する場合は、関数 TIME を使用します。書式は以下のとおりです。

> **=HOUR(シリアル値)**
> ・時刻を0〜23(時)の範囲の整数で返します。

> **=MINUTE(シリアル値)**
> ・分を0〜59(分)の範囲の整数で返します。

> **=SECOND(シリアル値)**
> ・秒を0〜59(秒)の範囲の整数で返します。

> **=TIME(時, 分, 秒)**
> ・指定した時刻を表すシリアル値を返します。

　引数のシリアル値には、シリアル値が入力されたセルアドレスを入力することができます。引数として時刻を直接入力する場合は、「"14:23:54"」や「"2:23:54 PM"」のように時刻をダブルクォーテーションマーク(")で囲んでください。

(4)DATEDIF

　入学した日から今日まで過ごした日数を求めたい場合、今日を表すシリアル値と入学した日を表すシリアル値の引き算で求めることができます。ただ、満何ヵ月とか満何年となると、四則計算では不可能になります。月の日数が異なったり、うるう年で1年の日数が異なったりすることがあるからです。このような計算に利用できるのが関数 DATEDIF です。

　関数 DATEDIF は他のソフトとの互換性を保つために用意されている関数のため、Excel ではオートコンプリートもヒントもヘルプもありません。しかし、知っているととても便利な関数としてここで紹介します。書式は以下のとおりです。

> **=DATEDIF(開始日, 終了日, "単位")**
> ・開始日から終了日までの年数、月数、日数を返します。

開始日と終了日はシリアル値です。必ず、開始日の方が終了日よりも以前の日付（小さなシリアル値）になるように気をつけてください。「単位」（表 2−3）は日付の差を求める単位を意味します。年数を求めたいときは「"y"」、月数を求めたいときは「"m"」、日数を求めたいときは「"d"」を入力します。このとき、その文字をダブルクォーテーションマークで囲むのを忘れないようにしましょう。

注：関数 DATEDIF の引数の単位には、年数表示での端数の日数を求める"yd"や月数表示での端数を求める"md"がありますが、この引数には計算ミスがあることが明らかになっていますので、使用しないようにしましょう。

表 2−3　関数 DATEDIF の引数「単位」の書式

単位	意味
"y"	年数
"m"	月数
"d"	日数

【例題 2.7.1：ハワイ研修旅行参加者リスト①】

新しいブックを用意して、図 2−54 を参考にして表を作成しましょう。セル G4、F5、D6、D7 には数式を入力します。作成したブックは、「ハワイ研修旅行参加者リスト」というファイル名で保存しましょう。

	A	B	C	D	E	F	G	H	I
1									
2				ハワイ研修旅行　参加者リスト				2015/7/3 現在	
3		学生ID	氏名			生年月日	年齢		
4		1001	田中　大五郎			H7.7.14	19		
5		2009	年に発行されたあなたのパスポートは、本日で			2146	日目です。		
6			あなたは生後		239 カ月になります。	パスポート発行年月日			
7					7294 日目です。	2009/8/17			

図 2−54　ハワイ研修旅行参加者リスト①の解答例

＜操作手順＞

（文字の入力）

①Excel を起動して、「空白のブック」をクリックし、新しいブックを用意します。

②セル D2 をクリックしてアクティブセルにします。

③IME が ON であることを確認して「ハワイ研修旅行　参加者リスト」と入力し Enter を押します。フォントサイズは 14pt にしましょう。

④同様に表 2−4 に従って、文字を入力し、セル書式を整えます。

⑤IME を OFF にして、表 2−4 に従って、セル G1、A3、E3、E60 の日付や数値を入力します。

表 2−4　例題：ハワイ研修旅行参加者リストで入力する文字列と書式

日本語IME	セル	文字列	書式
ON	D2	ハワイ研修旅行 参加者リスト	14pt（ポイント）
	I2	現在	
	B3	学生 ID	中央揃え・「ID」の前で改行
	C3	氏名	中央揃え
	F3	生年月日	中央揃え
	G3	年齢	中央揃え
	C4	田中　大五郎	中央揃え
	C5	年に発行されたあなたのパスポートは、本日で	
	G5	日目です。	
	C6	あなたは生後	
	E6	ヵ月になります。	
	F6	パスポート発行年月日	「年月日」の前で改行・中央揃え
	E7	日目です。	
OFF	H2	2015/7/3	
	B4	1001	中央揃え
	F4	H7.7.14	中央揃え
	F7	2009/8/17	中央揃え

（列幅の調整とセルの結合）

⑥列 B をアクティブにして、列幅を「6.38」文字に調整します。同様に、列 C を「12」、列 D を「21.25」、列 E を「14.13」、列 F を「13.38」、列 G を「12.38」、列 H を「11.00」、列 I を「9.25」文字に調整します。

⑦セル D2〜E2 をアクティブセルにして、[ホーム]−[配置]−⊞（セルを結合して中央揃え）をクリックしてセルを結合します。

⑧同様に、セル C5〜E5 とセル C6〜C7 を結合します。

（数式の入力）

⑨セル B5 の数式は、セル F7 のシリアル値から関数 YEAR を利用して、年だけを取り出します。　　　　　　　　　　=YEAR(F7)

⑩セル F5 の数式は、セル H2 のシリアル値からセル F7 のシリアル値を引き算して求めます。　　　　　　　　　　=H2−F7

⑪セル G4 の数式は、セル F4 を開始日に、セル H2 を終了日に指定した関数 DATEDIF で年数を求めます。　　　　　　=DATEDIF(F4,H2,"y")

⑫セル D6 の数式は、セル F4 を開始日に、セル H2 を終了日に指定した関数 DATEDIF で月数を求めます。　　　　　　=DATEDIF(F4,H2,"m")

⑬セル D7 の数式は、セル H2 のシリアル値とセル F4 のシリアル値を引き算して求めます。

$$=H2-F4$$

（文字の配置や罫線）

⑭図 2−54 や表 2−4 の書式を参考に、文字列の配置の変更、桁区切りスタイルが必要なセルで、[ホーム]−[配置]にある ≡（中央揃え）や ≡（左揃え）などをクリックして調整しましょう。

⑮セル B3〜I7 に[ホーム]−[フォント]−⊞（外枠）をクリックして罫線を引きます。

⑯セル B5〜I5 に[ホーム]−[フォント]−⊞（太い外枠）をクリックして罫線を引きます。

（ブックの保存）

⑰クイックアクセスツールバーの 🖫（上書き保存）をクリックします。「名前を付けて保存」Backstage ビューが表示されます。

⑱保存先を確認の上、ファイル名に「ハワイ研修旅行参加者リスト」と入力し、「保存」ボタンをクリックしてください。ブックが保存され、タイトルバーに「ハワイ研修旅行参加者リスト」が表示されます。

Seminar 2.11　2.11 節のアドバンスト課題で、課題 2.11.1-1 を作成しましょう。

2.7.2　文字列操作

X｜文字列を扱う関数を理解しましょう。

　会員番号が「08J1256」のように付けられていて、先頭の 2 文字が入会年度を表しているとしたとき、この文字列から「08」を取り出したり、それに「20」を付け加えて「2008」を作成したりすることがあります。また、マイナスの数字を赤い文字で表したり、シリアル値から曜日を表示したりすることもよくあります。このように、セルに入力された文字から一部を取り出したり、シリアル値から日付や曜日の表示書式を指定したりするには、文字列操作関数を用います。

(1)LEFT・MID・RIGHT

　関数 LEFT・MID・RIGHT は文字列から指定された文字数を取り出す関数です。書式は以下のとおりです。

=LEFT(文字列，文字数)

・文字列の先頭から指定された文字数の文字を返します。

=MID(文字列，開始位置，文字数)
・文字列の指定された位置から指定された文字数の文字を返します。

=RIGHT(文字列，文字数)
・文字列の末尾から指定された文字数の文字を返します。

　関数 LEFT は文字列の左端から指定された文字数を、関数 RIGHT は右端から指定された文字数を取り出します。文字数は、全角と半角を区別しません。たとえば「=LEFT("08J1256", 2)」では「08」が取り出せます。

　関数 MID では、文字を取り出す最初の位置を指定できます。「開始位置」には、文字列の左端から何文字目かを表す数値を入力します。たとえば、「=MID("08J1256",　3,　2)」では、「08J1256」の左端から 3 文字目「J」を開始位置として 2 文字を取り出すので、「J1」が取り出せます。文字列の指定は、セルアドレスを参照する方法でも可能です。たとえば、セル A1 に「08J1256」と入力されているのであれば、「=MID(A1,　3,　2)」とします。セルアドレスにはダブルクォーテーションマーク(")を付けませんので注意してください。

(2)&(アンパサンド)

　文字列や数値をひとつのセルに表示するときなど、値と値とを連結するときに使用される演算子が「&」です。「&」は関数ではありませんが、文字列を操作するなかでよく使用しますので、ここで紹介しておきます。使用方法は以下のとおりです。

=値 & 値
・値と値を連結します。文字列を値として直接入力する場合は" "で囲みます。

　「&」は数式の中でいくつ使用しても構いません。たとえば、セル A1 に「08J1256」と入力されているときに、そのセルから先頭 2 文字を取り出し「2008 年度入会」という文字列を作成する数式は、「="20"&LEFT(A1,2)&"年度入会"」となります。「&」の前後にスペースを入力しても構いません。

(3)TEXT

　関数 TEXT は、セルの表示形式を操作する関数です。[ホーム]－[数値]にある「表示形式」で設定できることを関数として実行できます。書式は次のとおりです。

> **=TEXT(値，表示形式)**
>
> ・数値に指定した書式を設定し、文字列に変換した結果を返します。

　関数 TEXT は「&」を使って値を連結するときにも有効です。図 2−55 の使用例では、セル B2 に入力されている「1」という数字に関数 TEXT で、「TEXT(B2，"0000")」と記述し 1 を 0001 や、45 を 0045 のように 4 桁で揃えています。

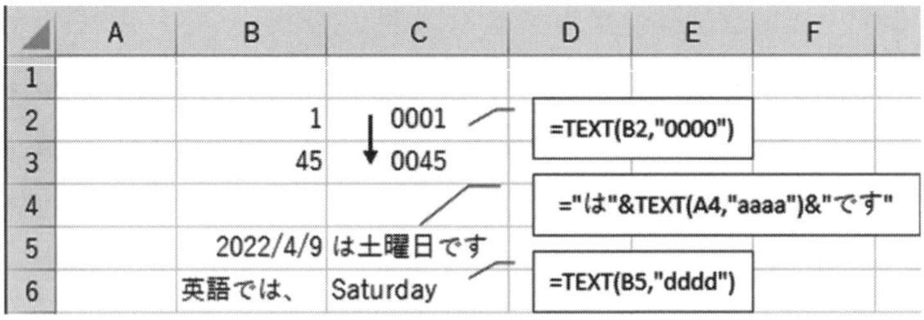

図 2−55　関数 TEXT の使用例

　関数 TEXT はシリアル値に対しても有効です。セル B5 には「2022/4/9」というシリアル値（44660）が入力されています。これから曜日を取り出すのに、"aaaa"を利用しています。その前後に文字を足すことで、「="は"&TEXT(A4,"aaaa")&"です"」という数式が、「は土曜日です」という計算結果を表示しています。セル C6 では、曜日を英語で表示するのに、"dddd" が使用されています。関数 TEXT の代表的な表示形式については、表 2−5 を参考にしてください。

表 2−5　関数 TEXT の「表示形式」記述例

数値関連 (12345.678 という数値に対して)		日付関連 (2005/9/7 という文字列に対して)	
書式記号	表示例	書式記号	表示例
#,##0	12,346	ddd	Wed
#,###	12,346	dddd	Wednesday
#,###.#	12,345.7	aaa	水
000000	012345	aaaa	水曜日

【例題 2.7.2：ハワイ研修旅行参加者リスト②】

　　「ハワイ研修旅行参加者リスト」を開いて、図 2－56 を参考に、文字を追加しましょう。操作手順で指示されたセルには数式を入力します。完成したブックは、上書き保存しましょう。

	A	B	C	D	E	F	G	H	I
1									
2			田中さん	ハワイ研修旅行　参加者リスト				2015/7/3	現在
3		学生ID	氏名		苗字数	生年月日	年齢	誕生曜日	
4		1001	田中　大五郎		2	H7.7.14	19歳	金曜日	
5		2009	年に発行されたあなたのパスポートは、本日で				2,146	日目です。	
6			あなたは生後		239	カ月になります。	パスポート発行年月日	発行月	
7					7,294	日目です。	2009/8/17	8	

図 2－56　ハワイ研修旅行参加者リスト②の解答例

＜操作手順＞

（文字と数式の入力）

①例題 2.7.1 で保存した「ハワイ研修旅行参加者リスト」を開きます。

②セル E3 に「苗字数」と入力します。同様に、セル H3 に「誕生曜日」、セル G6 に「発行月」、セル E4 に「2」と入力しすべて中央揃えにします。

③セル C2 には氏名から苗字だけを取り出し、文字列「さん」を連結する数式を入力します。
=LEFT(C4，E4) &"さん"

④セル G4 は、もとの数式に文字列「歳」を連結します。
=DATEDIF(F4，H2，"y") &"歳"

⑤セル H4 は、セル F4 の「生年月日」を参照して、関数 TEXT で曜日を表示します。
=TEXT(F4，"aaaa")

⑥セル G7 は、セル F7 の「パスポート発行年月日」を参照して、関数 MONTH で「月」を取り出します。　　　　=MONTH(F7)

⑦図 2－56 を参考に、セル書式を整えます。

（ブックの保存と終了）

⑧クイックアクセスツールバーの ⊟（上書き保存）をクリックします。ファイル名「ハワイ研修旅行参加者リスト」に上書き保存されます。

Seminar 2.12　2.11 節のアドバンスト課題で、課題 2.11.1-2 を作成しましょう。

2.7.3　検索／行列

> X | 検索に用いる関数を理解しましょう。

　顧客名簿や蔵書目録などのようにワークシート上にリストがある場合、Excel の表では、顧客番号や蔵書ナンバーを元に、氏名や本のタイトル、価格などを探して表示することができます。一次元で整理された表を検索するのに用いられるのが関数 VLOOKUP で、縦横の 2 次元に整理された表を検索できるのが関数 INDEX です。

　これらの検索／行列関数を理解することで、Excel の作業効率が格段に上昇します。実際の業務でもよく使用される関数です。

(1)VLOOKUP

　関数 VLOOKUP は指定した値を検索値として、指定した範囲を検索し、その範囲内から必要な値を取り出す関数です。書式は以下のとおりです。

=VLOOKUP(検索値，範囲，列番号，検索方法)

・指定した範囲の1列目で特定の値を検索し、指定した列と同じ行にある値を返します。

　引数「検索値」は、この検索の手がかりとなる値です。「学生番号1番の人の氏名を探したい」とか「85点の場合の評価を探したい」のように検索のキーとなる「1」番や「85」点の部分が「検索値」となります。

　引数「範囲」は、「XのYを探したい」場合の、「検索値(X)」と「値(Y)」が同じ行に含まれている表自体を意味します。この「範囲」の選択時には、「範囲」の 1 列目に「検索値(X)」があるように選択してください。

　引数「列番号」は、「範囲」の先頭から何列目に「値(Y)」の列があるのかを、数字で入力します。つい、列番号というと「C」列のようにアルファベットで入力してしまうことがありますので注意してください。

　最後に引数「検索の方法」には、「FALSE」か「TRUE」を入力します。検索の方法として「FALSE」を指定すると、「完全一致」検索が実行され、「検索値(X)」と一字一句すべてが一致する値のみがヒットします。もし、「検索値(X)」と一致する値がなかった場合は、「#N/A」と表示され、該当するデータがなかったことを知らせます。図 2−57 の使用例では、学生番号から氏名や成績を検索するときに使用しています。

　「TRUE」は Excel では「近似一致」検索と呼ばれています。まず、「近似一致」検索を実行する前に、「範囲」の 1 列目のデータは「昇順ソート」（2.9.1 項参照）されていなければなりません。図 2−57 で、成績が「85」点の人の評価は「A」となることは、私たちは「成績

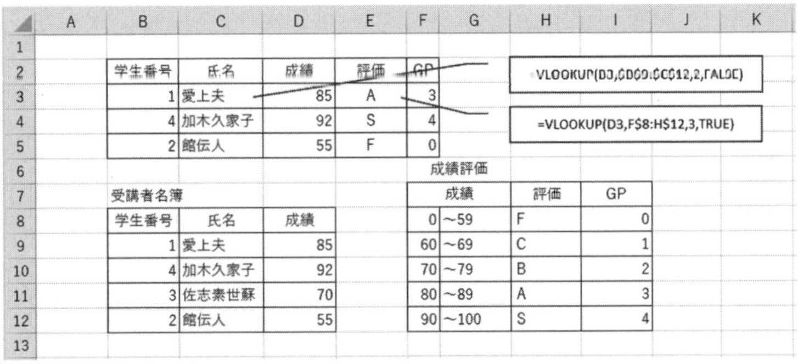

評価」の表を見て判断できます。Excel も同様に同じ「成績評価」の表から判断しているのですが、次のような手順で検索しヒットする行を探しています。

まず、Excel は「範囲」の１列目しか検索しないこ

図 2-57　関数 VLOOKUP の使用例

とを思い出しましょう。したがってこのケースでは、「0」、「60」、「70」、「80」、「90」の５つの数字と「検索値(85)」とを比較します。まず、「範囲」の第１行目の「0」と検索値(85)とを比較します。これはもちろん一致しません。ここで Excel は「0」と検索値(85)の大きさを比較し、検索値の方が大きいと判断します。その場合、次の行（第２行目）の数値と検索値(85)の比較をします。これを繰り返し、第５行目の「90」にきたとき、はじめて検索値(85)の方が小さいと判断します。そして検索値が超えられなかった「90」をあきらめ、ひとつ前の「80」の行をヒットしたと判断するのです。もし、第 5 行目も数値の大きさで超えられると判断した場合も、選択範囲は５行目までですから、実際にこれ以上検索を続けることができません。したがって、この場合は最終行をヒットしたと判断します。

【例題 2.7.3-1：ハワイ研修旅行参加者リスト③】

「ハワイ研修旅行参加者リスト」を開いて、図 2-58 を参考に、検索に用いるデータを入力しましょう。そして、セル B4 の学生 ID を変更したら、他の学生のカードも表示できるように工夫しましょう。完成したブックは、上書き保存しましょう。

＜操作手順＞

（文字の入力）

①例題 2.7.2 で保存した「ハワイ研修旅行参加者リスト」を開きます。

②図 2-58 を参考に、行 10〜16 までのデータを入力します。

③セル D3 に「ローマ字氏名:3」、H6 に「参加費用」を入力します。セル書式も中央揃えにしましょう。

④セル C3 の「氏名」を「氏名:2」、セル E3 の「苗字数」を「苗字数:7」、セル F3 の「生年月日」を「生年月日:5」のように、コロンと数字を加えましょう。この修正を行うことで、他のセルにコピーできる汎用性のある数式を作成できるようになります。

	A	B	C	D	E	F	G	H	I	J
1										
2			田中さん	ハワイ研修旅行　参加者リスト				2015/7/3 現在		
3		学生ID	氏名:2	ローマ字氏名:3	苗字数:7	生年月日:5	年齢	誕生曜日		
4		1001	田中　大五郎	TANAKA DAIGORO	2	H7.7.14	19歳	金曜日		
5		2009	年に発行されたあなたのパスポートは、本日で			2,146	日目です。			
6			あなたは生後		239	カ月になります。	パスポート発行年月日	発行月	参加費用	
7					7,294	日目です。	2009/8/17	8	¥175,000	
8										
9										
10		学生ID	氏名	ローマ字氏名	パスポート発行年月日	生年月日	参加費用	苗字数		
11		1001	田中　大五郎	TANAKA DAIGORO	2009/8/17	1995/7/14	¥175,000	2		
12		2549	阿谷田　司	AYATA TSUKASA	2014/10/12	1993/10/21	¥150,000	3		
13		3135	森　五右衛門	MORI GOEMON	2010/1/8	1992/2/7	¥179,800	1		
14		1901	光谷　晴孝	MITSUTANI HARUTAKA	2010/8/3	1990/8/4	¥234,000	2		
15		3006	綾小路　光	AYANOKOJI HIKARI	2011/2/14	1993/2/28	¥642,580	3		
16		1544	晴田森　洋司	HARUTAMORI YOJI	2005/7/10	1985/1/1	¥180,000	3		
17										

図2-58　ハワイ研修旅行参加者リスト③の解答例

（数式の入力）

⑤セルF7はセルB4の「学生ID」を検索値にして、セルB11〜E16の範囲から「パスポート発行年月日」を取り出します。　　=VLOOKUP(B4,B11:E16,4,FALSE)

⑥セルH7はセルB4の「学生ID」を検索値にして、セルB11〜G16の範囲から「参加費用」を取り出し、セル書式を整えます。　　=VLOOKUP(B4,B11:G16,6,FALSE)

（ちょっと高度な数式の入力）

⑦セルC4は「氏名」を求める数式を入力しますが、この数式を右にコピーするだけで、「ローマ字氏名」、「苗字数」、「生年月日」も求められるように工夫をしておきましょう。それには、絶対参照や他の関数との連携が必要になります。まずは、この連携を考慮しない数式を入力してみましょう。関数VLOOKUPの引数「範囲」はあらかじめ列Hまでを含んで指定しておきましょう。　　=VLOOKUP(B4,B11:H16,2,FALSE)

⑧右方向にコピーすることを考えると、右にズレては困るセルアドレスを「$」で固定しましょう。　　=VLOOKUP($B4,$B11:$H16,2,FALSE)

⑨最後に右にズレることで、「列番号」が「2」、「3」、「7」、「5」と変化する必要があります。ここで、「氏名:2」、「ローマ字氏名:3」、「苗字数:8」、「生年月日:5」と入力されている項目名に注目します。この各項目名から、最後の1文字を取り出すことができれば、右にコピーすることで「2」、「3」、「7」、「5」と変化できるのではと気がつきます。そこで、関数RIGHTを利用して、1文字だけを取り出す式を作成し「列番号」に組み込みます。　　=VLOOKUP($B4,$B11:$H16,RIGHT(C3,1),FALSE)

⑩セル C4 の数式を、フィル機能を利用してセル F4 までコピーしましょう。

⑪このコピーによってセル F4 のセル書式が「標準」に戻ってしまいました。そこで書式を「その他の表示形式」を利用して、「H7.7.14」と表示されるようにしておきましょう。

その他のセルの表示形式や文字の配置などについても、図 2−58 を参考に整えます。

（システムの動作確認）

⑫セル B4 に「2549」など他の「学生 ID」を入力して、このシステムが正しく動作することを確認しましょう。確認したら元の数値に戻しておきましょう。

（ブックの保存と終了）

⑬クイックアクセスツールバーの ▯ （上書き保存）をクリックします。ファイル名「ハワイ研修旅行参加者リスト」に上書き保存されます。

> *Seminar 2.13* 2.11 節のアドバンスト課題で、課題 2.11.1-3 を作成しましょう。

(2)INDEX

関数 INDEX では、行と列の交点の値を取り出すことができます。書式は以下のとおりです。

> =INDEX(配列, 行番号, 列番号)
> ・指定された行と列が交差する位置にある値またはセル参照を返します。

引数「配列」は、行と列の組み合わせで作成されたデータのセルを範囲として入力します。図 2−59 は、「配列」を理解しやすいように用意したひらがなの表です。セル B3〜E7 を関数 INDEX の引数「配列」に指定しました。すると「あ」は、この配列内の 1 行目と 1 列目の交点にあることになります。それでは、「せ」の場合はどうでしょう。「せ」はこの配列内では、4 行目と 3 列目の交点にあります。この行と列の数値が、関数 INDEX の「行番号」と「列番号」になります。

	A	B	C	D	E
1		ひらがな表			
2		1	2	3	4
3	1	あ	か	さ	た
4	2	い	き	し	ち
5	3	う	く	す	つ
6	4	え	け	せ	て
7	5	お	こ	そ	と

図 2−59　関数 INDEX の引数「配列」のイメージ

【例題2.7.3-2：Excelとジャンケンポン①】

　　　　新しいブックを用意して、図2-60を参考にジャンケンの勝敗を判断する表を作成しましょう。図2-60のグレーで塗られたセルには数式を入力し、必要なセルまでコピーしましょう。作成したブックは、「Excelとジャンケンポン」というファイル名で保存しましょう。

	私		Excel		勝敗
Excelとジャンケンポン					
	1	グー	1	グー	あいこ
	1	グー	2	チョキ	勝ち
	1	グー	3	パー	負け
	2	チョキ	1	グー	負け
	2	チョキ	2	チョキ	あいこ
	2	チョキ	3	パー	勝ち
	3	パー	1	グー	勝ち
	3	パー	2	チョキ	負け
	3	パー	3	パー	あいこ

1	グー
2	チョキ
3	パー

勝敗表		Excel		
		グー	チョキ	パー
私	グー	あいこ	勝ち	負け
	チョキ	負け	あいこ	勝ち
	パー	勝ち	負け	あいこ

図2-60　Excelとジャンケンポン①の解答例

＜操作手順＞

（文字の入力）

①新しいブックを開きます。

②図2-60を参考にセルC5～C13とセルE5～F13以外のセルに文字や数値を入力します。

（関数VLOOKUPと関数INDEXの入力）

③セルD5にはセルC5の私の出し手を検索値にして、セルB16～C18の範囲から「グー」を取り出します。このとき、この数式はセルF5にコピーすることを考慮して、絶対参照を利用しましょう。　　　　=VLOOKUP(C5，$B$16:$C$18，2，FALSE)

④セルD5の数式はセルD13までコピーしましょう。

⑤セルD5の数式をセルF5～F13にコピーします。セルD5をアクティブにして、[ホーム]－[クリップボード]－ 🗋 （コピー）をクリックします。そして、セルF5からF13をアクティブにして[ホーム]－[クリップボード]－ 📋 （貼り付け）をクリックします。

⑥セルG5はセルD22～F24を配列の範囲として、関数INDEXで勝敗を表示します。　　　　=INDEX(D$22:F$24,C5,E5)

⑦セルG5の数式はセルG13までコピーしましょう。

（ブックの保存と終了）

⑧クイックアクセスツールバーの 💾 （上書き保存）をクリックし、保存先を確認の上、ファイル名に「Excelとジャンケンポン」と入力し、「保存」ボタンをクリックしてください。ブックが保存され、タイトルバーに「Excelとジャンケンポン」が表示されます。

Seminar 2.14　2.11節のアドバンスト課題で、課題2.11.1-4を作成しましょう。

2.7.4　論理

> Ｘ　条件によって処理を変える、論理的な関数を理解しましょう。

　ある設定した条件を満たすかどうかで、処理を変えていく関数を論理関数と呼びます。関数 IF では、その数式の中でさらに関数 IF を使うことで、かなり複雑な処理の分岐を行えます。また複数の論理式をまとめて真(TRUE)か偽(FALSE)を判断するには、関数 AND や OR を用います。また、数式でエラーが生じたときに実行する処理が指定できる関数 IFERROR も便利な関数です。

(1)IF

　関数 IF では、ある条件（論理式）を満たす(真：TRUE)か満たさない(偽：FALSE)によって、それぞれで指定した処理を実行することができます。書式は以下のとおりです。

> **=IF(論理式，真の場合，偽の場合)**
> ・論理式の結果に応じて、指定された値を返します。

　論理式の書き方は 2.4.1 項(2)を参照してください。本項では、複数の条件で処理を分岐する方法について考えていきます。関数 IF の「真の場合」、「偽の場合」には、数値、文字、数式が入力できます。数式には関数 IF も含まれるので、関数 IF の中で関数 IF を使うことも可能です。このような状態を関数の**ネスト**と呼びます（図2－61）。

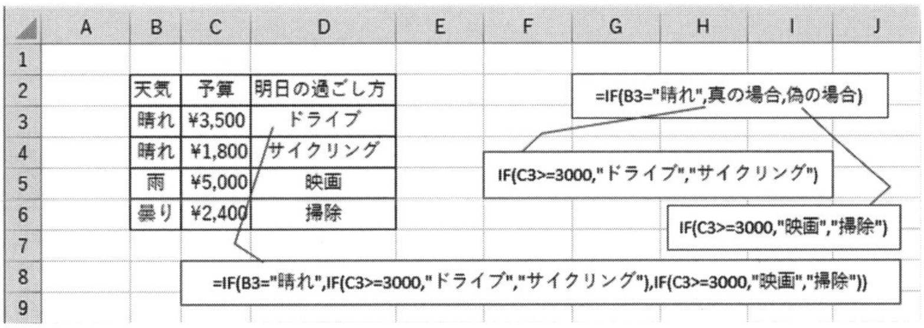

図2－61　ネストした関数 IF の例

　この例では、明日の過ごし方を考えるのに、「天気」と「予算」によって行動を変えています。「天気」が「晴れ」と「それ以外」、「予算」が「3 千円以上」と「そ

図2－62　関数 IF の設計図

れ以外」に分かれるので、全部で 4 つに分岐します。これだけでも、数式はかなり長くて複雑になります。そこで、Excel に向かっていきなり数式を作成する前に、図 2−62 のような設計図を紙の上に書いてみると良いでしょう。複雑になりそうな場合は、問題点を整理して、それぞれの作業をパーツに分け、それぞれの作業をひとつずつ確認しながら進めていくと、確実に作業をこなせます。その意味でも、設計図を作成するのは有効です。

(2)AND・OR

複数の論理式を一括して満たす必要がある場合は、関数 AND を用います。また、複数の論理式のどれかひとつでも満たせば良い場合は、関数 OR が便利です。書式は以下のとおりです。

> **=AND(論理式1，論理式2，…)**
> ・すべての論理式が TRUE のとき TRUE を返します。

> **=OR(論理式1，論理式2，…)**
> ・いずれかの論理式が TRUE のとき TRUE を返します。

複数の論理式は、カンマで区切って並べます。関数 AND や OR は、関数 IF の論理式の部分で使用されることが多いでしょう（図 2−63）。

	A	B	C	D	E	F	G	H	I	J
1										
2		科目1	科目2	判定1	判定2		=IF(AND(B3>=60,C3>=60),"合格","不合格")			
3		60	80	合格	合格					
4		90	55	不合格	合格					
5		40	60	不合格	合格		=IF(OR(B3>=60,C3>=60),"合格","不合格")			
6		45	50	不合格	不合格					
7		判定1：2科目とも60点以上で合格								
8		判定2：1科目以上が60点以上で合格								

図 2−63　関数 AND と OR の例

この例の「判定 1」では関数 AND を、「判定 2」では関数 OR を使用しています。このように、関数 AND や OR を使った方が数式を短くできる場合もありますが、関数 IF をネストした方が短くできる場合もあります。関数 IF を利用するときは、論理式の作り方をよく検討してから作業してください。

(3)IFERROR

データが予定の範囲を超えているとか、該当するデータが見当たらない場合などは、数式で「#N/A」や「#REF!」などのエラーを報告します。このようなときに、Excel が表示する

エラーメッセージを表示せずに、指示した作業を続けるのが関数 IFERROR です。書式は以下のとおりです。

=IFERROR(数式，エラーの場合の値)
・数式がエラーの場合は、エラーの場合の値を返します。

　関数 IFERROR の引数として与えられた数式は、エラーでなければこの数式の計算した値を普通に表示します。もし、数式でエラーが起これば、引数「エラーの場合の値」を実行します。エラー処理をスマートに実行できるので、関数 IFERROR はとても便利な機能のひとつです。

【例題 2.7.4-1：Excel とジャンケンポン②】

　　　「Excel とジャンケンポン」を開いて、図 2−64 を参考に、文字や数値を入力しなおしましょう。そして、セル B13 に間違った数字を入力し、それに対応できるように工夫しましょう。完成したブックは、上書き保存しましょう。

<操作手順>

（文字の入力）

①例題 2.7.3-2 で保存した「Excel とジャンケンポン」を開きます。

②図 2−64 を参考にセル H4 に「勝敗 IF」、セル C14 に「4」を入力します。タイトルのセルも H 列まで結合しておきましょう。

（関数 IFERROR の入力）

③セル C5 では、「グー」、「チョキ」、

	A	B	C	D	E	F	G	H
1								
2				Excelとジャンケンポン				
3								
4			私		Excel		勝敗	勝敗IF
5			1	グー	1	グー	あいこ	あいこ
6			1	グー	2	チョキ	勝ち	勝ち
7			1	グー	3	パー	負け	負け
8			2	チョキ	1	グー	負け	負け
9			2	チョキ	2	チョキ	あいこ	あいこ
10			2	チョキ	3	パー	勝ち	勝ち
11			3	パー	1	グー	勝ち	勝ち
12			3	パー	2	チョキ	負け	負け
13			3	パー	3	パー	あいこ	あいこ
14			4	値Check	1	グー	負け	負け
15								
16		1	グー					
17		2	チョキ					
18		3	パー					
19								
20		勝敗表		Excel				
21				グー	チョキ	パー		
22		私	グー	あいこ	勝ち	負け		
23			チョキ	負け	あいこ	勝ち		
24			パー	勝ち	負け	あいこ		

図 2−64　　Excel とジャンケンポン②の解答例

「パー」を意味する「1」、「2」、「3」が入力されるはずですが、ここは人間が入力するところですから、間違って 1〜3 以外の数字を入力してしまうかもしれません。その場

合には、セル D5 に「値 Check」と表示するようにしましょう。すでにセル D5 には数式が入っていますが、これを関数 IFERROR で囲むように数式を作成すれば結構です。

$$=IFERROR(VLOOKUP(C5,\$B\$16:\$C\$18,2,FALSE),"値 Check")$$

④セル D5 の数式はセル D14 までコピーし、セル E14〜F14 も整えましょう。

（関数 IF の入力）

⑤セル G5 では、セル C5 で 1〜3 の数字が入力されなかったときは、「負け」と判断するように改良しましょう。セル D5 に「値 Check」と表示されていたら、「負け」という論理式を考えると良いでしょう。

$$=IF(D5="値 Check","負け",INDEX(D\$22:F\$24,C5,E5))$$

⑥セル G5 の数式はセル G14 までコピーしましょう。

⑦セル H5 は、関数 IF だけで、ジャンケンの勝敗を判定してみましょう。G 列の勝敗をよく見ていると、何か勝ち負けには法則があるようです。それを整理してみたのが図 2−65 です。「Excel−私」の列を見ると、引き算して 0 になるのは「あいこ」です。同様に「1」と「−2」になる場合は「勝ち」です。それ以外は全部「負け」です。この法則をうまく利用すれば関数 IF に 1 度だけ関数 IF をネストすれば数式が作れそうです。

私	Excel	勝敗	EXCEL-私
1	1		0
2	2	あいこ	0
3	3		0
1	2		1
2	3	勝ち	1
3	1		-2
1	3		2
2	1	負け	-1
3	2		-1

図 2−65　ジャンケンの勝敗の求め方

$$=IF(C5=E5,"あいこ",IF(OR(E5-C5=1,E5-C5=-2),"勝ち","負け"))$$

⑧セル H5 の数式はセル H14 までコピーしましょう。

（ブックの保存と終了）

⑨表の体裁を整えて、クイックアクセスツールバーの　　（上書き保存）をクリックします。ファイル名「Excel とジャンケンポン」に上書き保存されます。

【例題 2.7.4-2：ハワイ研修旅行参加者リスト④】

「ハワイ研修旅行参加者リスト」を開いて、図 2−66 を参考に、関数 IF を用いて現在所有のパスポートの有効日数がセル H2 の日付と比較して 90 日以内の場合は「△」、30 日以内の場合は「×」、それ以外は「○」をセル I4 に表示する数式を作りましょう。なお、この問題ではパスポート発行時に未成年だったものは 5 年間有効、そうでなければ 10 年間有効と想定します。そして、セル B4 の学生 ID を変更したら、他の学生のカードも表示できるように工夫しましょう。完成したブックは、上書き保存しましょう。

	A	B	C	D	E	F	G	H	I
1									
2			田中さん	ハワイ研修旅行　参加者リスト				2015/7/3	現在
3	学生ID	氏名:2	ローマ字氏名:3	苗字数:7	生年月日:5	年齢	誕生曜日	パスポート有効性
4	1001	田中　大五郎	TANAKA DAIGORO	2	H7.7.14	19歳	金曜日	×
5	2009	年に発行されたあなたのパスポートは、本日で				2,146	日です。	2014/8/17	まで
6		あなたは生後			239	カ月になります。	パスポート発行年月日	発行月	参加費用
7					7,294	日目です。	2009/8/17	8	¥175,000

図2-66　ハワイ研修旅行参加者リスト④の解答例

＜操作手順＞

（文字と数式の入力）

①セル I3 に「パスポート有効性」と入力し、「有効性」の前で改行します。文字はセルの中央に揃えます。セル I5 には「まで」と入力します。

②セル H5 は、生年月日とパスポート発行年月日を用いて、パスポート発行時の年齢を求め、それが 20 歳未満の場合はパスポート発行年に 5 年を加えた日を、20 歳以上ならばパスポート発行年に 10 年を加えた日を表示します。

　　　式①：パスポート発行時の年齢　　　　DATEDIF(F4,F7,"y")
　　　式②：日付のシリアル値を作成　　　　DATE（年、月、日）
　　　式③：シリアル値から年を取り出す　　YEAR（シリアル値）
　　　式④：シリアル値から月を取り出す　　MONTH（シリアル値）
　　　式⑤：シリアル値から日を取り出す　　DAY（シリアル値）

これらを組み合わせると次のようなイメージの式となります。

　　　＝②（③+IF（①<20,5,10）,④,⑤）

それを実際に作成したものは次のものです。

　　　=DATE(YEAR(F7)+IF(DATEDIF(F4,F7,"y")<20,5,10),MONTH(F7),DAY(F7))

③セル I4 は、パスポートの有効期限日（H5）からセル H2 の日付を引いて求められる有効日数をもとに、関数 IF を用いて数式を作成します。

　　　=IF(H5-H2<=90,IF(H5-H2<=30,"×","△"),"○")

（システムの動作確認）

④セル B4 に「2549」を入力するとセル I4 に「○」が、「1901」を入力するとセル I4 に「△」が正しく表示されることを確認しましょう。確認したら「1001」に戻します。

（ブックの保存と終了）

⑤クイックアクセスツールバーの　　（上書き保存）をクリックします。ファイル名「ハワイ研修旅行参加者リスト」に上書き保存されます。

Seminar 2.15　2.11 節のアドバンスト課題で、課題 2.11.1-5 を作成しましょう。

2.7.5　統計

 文字や数値を数えるなど、統計的な関数を理解しましょう。

　度数分布やクロス集計など、統計を取るための関数も多数用意されています。ただ、Excel でこれらの集計を行うのならば「ピボットテーブル」（2.9.3 項参照）という便利な機能があるので、ここでは、文字や数値が入力されているセルを数えるための関数 COUNT・COUNTA・COUNTIFS の説明をします。

(1)COUNT・COUNTA

　数値が入力されたセルを数えるには関数 COUNT を、数値に加えて文字や数式が入力されたセルを数えるには関数 COUNTA を利用します。書式は以下のとおりです。

> **=COUNT(値1，値2，…)**
>
> ・指定した範囲内で、数値が含まれるセルの個数を返します。

> **=COUNTA(値1，値2，…)**
>
> ・指定した範囲内の空白でないセルの個数を返します。

　これらの関数の引数にはセル範囲を指定することが多いでしょう。関数 COUNT では、数値のみを数えます。対象のセルに数式が入力されている場合でも、その結果が数値ならば数に入れますが、文字やエラーだった場合は数えません。数値が入力されているように見えていても、セルの表示形式が「文字列」だったら Excel はそれを数値とみなさず、関数 COUNT はそれを数えません。

　関数 COUNTA は、数値のみならず、文字や数式やエラーを数えます。つまり、セルが空白の場合を除き、すべてを数えます。

(2)COUNTIFS

　関数 COUNTIFS は、指定した条件を満たすセルの数を数えます。条件は複数指定できます。書式は以下のとおりです。

> **=COUNTIFS(条件範囲 1，条件 1，条件範囲 2，条件 2，…)**
>
> ・指定した範囲内で、特定の条件に一致するセルの個数を求めます。

　この関数の引数では、「条件範囲」と「条件」をペアで指定します。複数の条件を引数に

した場合は、両方の条件を満たしたものを数えます。

　図2−67の例では、「評価表」から評価が3以上だった生徒数を数えています。「3以上」のように、数値を比較する条件は「">=3"」と指定しています。ここで使用できる論理演算子は、関数IFと同様です（2.4.1項(2)参照）。ただし、この関数COUNTIFSで条件を記述する場合は、数値であってもダブルクォーテーションマーク（"）で囲む必要があることに注意しましょう。

	A	B	C	D	E	F	G	H	I
1									
2		評価表	1年生	2年生	3年生	3年生で評価が3以上だった生徒は			
3		生徒1	2	4	5		3	人でした。	
4		生徒2	2	5	2		=COUNTIFS(E3:E7,">=3")		
5		生徒3	4	5	2				
6		生徒4	3	3	5	3年間、評価が3以上だった生徒は			
7		生徒5	3	2	4		1	人でした。	
8									
9					=COUNTIFS(C3:C7,">=3",D3:D7,">=3",E3:E7,">=3")				

図2−67　関数COUNTIFSの例（条件：数値）

　図2−68の例では、文字列の中の1文字を検索条件としています。この検索には文字の一部として「*」（アスタリスクマーク）が使用できます。「"*山*"」のように、文字の前後に「*」を付ければ、文字列のどこかに「山」が含まれるケースを数えます。「"山*"」のように文字の後に「*」を付ければ先頭に「山」が付くケースを数えます。

	A	B	C	D	E	F	G
1							
2		北海道	栃木県	石川県	滋賀県	岡山県	佐賀県
3		青森県	群馬県	福井県	京都府	広島県	長崎県
4		岩手県	埼玉県	山梨県	大阪府	山口県	熊本県
5		宮城県	千葉県	長野県	兵庫県	徳島県	大分県
6		秋田県	東京都	岐阜県	奈良県	香川県	宮崎県
7		山形県	神奈川県	静岡県	和歌山県	愛媛県	鹿児島県
8		福島県	新潟県	愛知県	鳥取県	高知県	沖縄県
9		茨城県	富山県	三重県	島根県	福岡県	
10							
11		「山」の付く都道府県の数		6	=COUNTIFS(B2:G9,"*山*")		
12		「山」で始まる都道府県の数		3			
13					=COUNTIFS(B2:G9,"山*")		

図2−68　関数COUNTIFSの例（条件：文字）

2.7.6 数学

 四捨五入や剰余など、数学的な関数を理解しましょう。

　数値を四捨五入したり、切り上げたり、切り捨てたりすることは、日常の業務では頻繁に行われています。また、絶対値を求めたり、剰余を求めたりと、四則演算では面倒な計算が数学関数を用いると簡単にできます。本項では、数学関数について詳しく説明します。

(1)ROUND・ROUNDUP・ROUNDDOWN

　セルの表示形式で数値を四捨五入したように見せることはできますが、実際にセルに入力されているデータは四捨五入されていません。ここでは実際に入力されているデータを四捨五入したり、切り上げたり、切り捨てたりするものとして、関数 ROUND、ROUNDUP、ROUNDDOWN が利用できます。書式は以下のとおりです。

> **=ROUND(数値，桁数)**
> ・数値を指定した桁数に四捨五入した値を返します。

> **=ROUNDUP(数値，桁数)**
> ・数値を指定した桁数に切り上げた値を返します。

> **=ROUNDDOWN(数値，桁数)**
> ・数値を指定した桁数に切り捨てた値を返します

　関数 ROUND では、引数「桁数」で指定した小数点の桁数までを四捨五入の結果として表示します。たとえば、「=ROUND(123.456，2)」という数式では、結果として「123.46」が表示されます。これは、「桁数」で「2」と指定されたため、Excel は小数点第2位までを表示する目的で、小数点第3位を四捨五入したためです。「桁数」で「0」を指定すると、整数に四捨五入します。「桁数」で「−1」を指定すると、整数の1の位を四捨五入します。たとえば、「=ROUND(123.456，−1」では、1の位の「3」が四捨五入され、「120」と表示されます。関数 ROUNDUP も ROUNDDOWN も引数の考え方は同じです。

(2)RAND・RANDBETWEEN

　関数 RAND や RANDBETWEEN では、「乱数」を発生させることができます。「乱数」とは、法則性のない、予測不能の数値を表示するものです。書式は次のとおりです。

```
=RAND( )
```
・0以上1未満の乱数を発生させます。再計算されるたびに新しい乱数を発生します。

```
=RANDBETWEEN(最小値，最大値)
```
・指定された範囲で一様に分布する整数の乱数を返します。

　関数 RAND には引数はありません。0 以上 1 未満の数が表示され、セルに文字を入力した
り、 F9 を押したりしたときに再計算が行われます。関数 RANDBETWEEN では、引数に
「最小値」と「最大値」を整数で与えます。「=RANDBETWEEN(1,6)」とすると、「1」
「2」「3」「4」「5」「6」の 6 つの整数がランダムに表示できます。

(3)ABS

　数値には正（＋）と負（－）がありますが、この符号を取り除いた数値を絶対値と呼びます。
関数 ABS では数値の絶対値を求めることができます。書式は以下のとおりです。

```
=ABS(数値)
```
・数値から符号(+,－)を除いた絶対値を返します。

　この関数は、負の数を正に変換して利用したい場合に役立ちます。たとえば、ある目標の
数字があって、その実績が±5 以内に収まっているかを調べるようなときに、絶対値を求めて
5 以下であるかを判断するようにすると簡単に求めることができます。

【例題 2.7.6-1：Excel とジャンケンポン③】

　　　「Excel とジャンケンポン」を開いて、図 2－69 を参考に、文字や数値を入力し直
　　しましょう。完成したブックは、上書き保存しましょう。

＜操作手順＞

（文字の入力）

①例題 2.7.4-1 で保存した「Excel とジャンケンポン」を開きます。

②セル B5 に「1 回戦」と入力します。

③セル B5～B14 をアクティブセルにして、[ホーム]－[編集]－■（フィル）のメニューにあ
　る「連続データの作成」をクリックします。すると、「連続データ」ダイアログボックス
　が表示されます。

④「連続データ」ダイア
ログボックスの「種
類」の「オートフィ
ル」を選択して
「OK」ボタンをクリ
ックします。「10回
戦」までのデータが
入力されます。

⑤図2−69を参考に、セ
ル D17、D18、E16、
F17、G16、G19、
G21 に文字や数値を
入力し、セルを結合
したり罫線を引いた
りして表を整えま
す。

	A	B	C	D	E	F	G	H
1								
2				Excelとジャンケンポン				
3								
4			私		Excel		勝敗	勝敗IF
5		1回戦	1	グー	1	グー	あいこ	あいこ
6		2回戦	1	グー	2	チョキ	勝ち	勝ち
7		3回戦	1	グー	1	グー	あいこ	あいこ
8		4回戦	2	チョキ	2	チョキ	あいこ	あいこ
9		5回戦	2	チョキ	3	パー	勝ち	勝ち
10		6回戦	2	チョキ	1	グー	負け	負け
11		7回戦	3	パー	1	グー	勝ち	勝ち
12		8回戦	3	パー	1	グー	勝ち	勝ち
13		9回戦	3	パー	2	チョキ	負け	負け
14		10回戦	4	値Check	1	グー	負け	負け
15								
16		1	グー		集計			100
17		2	チョキ	勝ち	4	勝率(%)		57
18		3	パー	負け	3			
19							0	
20		勝敗表		Excel				
21				グー	チョキ	パー	結果	
22			グー	あいこ	勝ち	負け		
23		私	チョキ	負け	あいこ	勝ち	同程度	
24			パー	勝ち	負け	あいこ		

図2−69　Excelとジャンケンポン③の解答例

⑥セル G16〜G19をアクティブセルにして、
　[ホーム]−[スタイル]−▦（条件付き書式）−▦（データバー）で▦（「塗りつぶし（グラデーション）」青のデータバー）を選択します。

（関数 RANDBETWEEN と関数 COUNTIFS の入力）

⑦セル E5 では、Excel が 1〜3 の数字を乱数で入力できるように関数 RANDBETWEEN を利用した数式を入力しましょう。

　　　　　=RANDBETWEEN(1, 3)

⑧セル E5 の数式はセル E14 までコピーしましょう。

⑨再計算を実行するために、[F9]を押して Excel が 1〜3 の数値をランダムに表示するかを確認しましょう。セル C5〜C14 の数値も変更してみましょう。

⑩セル E17 の数式は、セル G5〜G14 の範囲で、「勝ち」という文字を数えます。この数式は、E18 にコピーすることを考慮して作成しましょう。

　　　　　=COUNTIFS(G$5:G$14, D17)

⑪セル E17 の数式をセル E18 にコピーしましょう。正しく結果が表示されるかを確認しましょう。

（関数 ROUND と関数 ABS の入力）

⑫セル G17 の数式は、勝率を計算するものです。ここで計算する「勝率」とは、「あいこ」を除いた勝負回数のうちで、「私」の「勝ち」の割合です。項目名に「%」という単位があるので、計算結果を 100 倍して数値を単位に合わせます。最後に四捨五入して整数になるように作成しましょう。

$$=ROUND(E17/(E17+E18)*100,\ 0)$$

⑬セル G22 の数式は、勝負の判定を行うものです。ここでは、「勝利」、「同程度」、「敗北」の 3 段階で判定を行います。「同程度」とは、「勝ち」と「負け」が±1 の範囲内を意味します。関数 IF の論理式で関数 ABS を用いると簡単に「同程度」を判定できます。後は、「勝ち」が多ければ「勝利」、それ以外は「敗北」となります。

$$=IF(ABS(E17-E18)<=1,\ "同程度",\ IF(E17>E18,\ "勝利",\ "敗北"))$$

（ブックの保存と終了）

⑭クイックアクセスツールバーの 🖫 （上書き保存）をクリックします。ファイル名「Excel とジャンケンポン」に上書き保存されます。

Seminar 2.16 2.11 節のアドバンスト課題で、課題 2.11.1-6 を作成しましょう。

---

(4)MOD

この関数は、割り算の余りを求めることができます。書式は以下のとおりです。

> **=MOD(数値,　除数)**
>
> ・数値を除算した剰余を返します。

割り算では、割る数を「除数」、答えの整数部分を「商」、余りを「剰余」と呼びます。関数 MOD は「剰余」を返します。あるパーティーでケーキを参加者で分けることを想定しましょう。ケーキの数がセル A1 に、参加者数がセル B1 に入力されているときに、「=MOD（A1，B1）」とすると、いくつ余るかが求められます。「A1 を B1 で割った余り」ということから、無意識に「=MOD（A1／B1）」と間違うことが多いので注意しましょう。

(5)SUMIFS

設定した範囲内の数字を、ある条件を満たしたケースのみで合計をする場合に、この関数を利用します。書式は以下のとおりです。

> =SUMIFS(合計対象範囲,条件範囲 1,条件 1,条件範囲 2,条件 2...)
>
> ・特定の条件に一致する数値の合計を求めます。

　関数 SUMIFS の引数の最初には、合計を求める数値の入った範囲を設定します。図 2−70 は、成績を「学年」と「クラブ」の条件で設定し、両方を満たしたケースの合計得点を求める表の例です。ここでは、最終的に合計を求める範囲は、セル D3〜D9 となるので、これを引数「合計対象範囲」として設定します。次に学年が 2 年生以上の場合を記述します。2 年生以上ということは、セル B3〜B9 の範囲で数字が 2 以上の場合に該当します。また、A クラブに属しているということは、セル C3〜C9 の範囲で文字が A である場合が該当します。この 2 つの条件を含めて数式を作成すると、「=SUMIFS(D3:D9，B3:B9，">=2"，C3:C9，"A")」となります。条件の記述の仕方は、関数 COUNTIFS（2.7.5 項(2)参照）と同様です。図 2−70 では、関数 COUNTIFS も並べてあります。比較して理解を深めてください。

	A	B	C	D	E	F	G	H	I	J
1										
2		学年	クラブ	成績	2年生以上でAクラブに属している生徒の人数は、					
3		3	A	76	3 人					
4		3	B	87			=COUNTIFS(B3:B9,">=2",C3:C9,"A")			
5		1	A	85						
6		2	B	73	2年生以上でAクラブに属している生徒の合計得点は、					
7		2	A	64	220 点					
8		1	B	63			=SUMIFS(D3:D9,B3:B9,">=2",C3:C9,"A")			
9		2	A	80						

図 2−70　関数 SUMIFS の例

【例題 2.7.6-2：ハワイ研修旅行参加者リスト⑤】

　「ハワイ研修旅行参加者リスト」を開いて、図 2−71 を参考に、剰余や集計に用いる関数を利用して、グループ単位での参加費用の合計金額を求めます。グループは、学生 ID が奇数の人は A グループ、偶数の人は B グループとして 2 つ作ります。セル C19〜D24、G19〜G21 には数式を入力します。

　紙面の都合上 1〜8 行目を非表示にしています。実際には、すべての行が表示されているものとして、前回の例題のファイルにデータを追加してください。解答例と同様に行を非表示にする必要はありません。完成したブックは、上書き保存しましょう。

	A	B	C	D	E	F	G	H
9								
10		学生ID	氏名	ローマ字氏名	パスポート発行年月日	生年月日	参加費用	苗字数
11		1001	田中　大五郎	TANAKA DAIGORO	2009/8/17	1995/7/14	¥175,000	2
12		2549	阿谷田　司	AYATA TSUKASA	2014/10/12	1993/10/21	¥150,000	3
13		3135	森　五右衛門	MORI GOEMON	2010/1/8	1992/2/7	¥179,800	1
14		1901	光谷　晴孝	MITSUTANI HARUTAKA	2010/8/3	1990/8/4	¥234,000	2
15		3006	綾小路　光	AYANOKOJI HIKARI	2011/2/14	1993/2/28	¥642,580	3
16		1544	晴田森　洋司	HARUTAMORI YOJI	2005/7/10	1985/1/1	¥180,000	3
17								
18		学生ID	参加費用	グループ		グループ	参加費用合計	
19		1001	¥175,000	A		A	¥738,800	
20		2549	¥150,000	A		B	¥822,580	
21		3135	¥179,800	A		合計	¥1,561,380	
22		1901	¥234,000	A				
23		3006	¥642,580	B				
24		1544	¥180,000	B				

図2-71　ハワイ研修旅行参加者リスト⑤の解答例

＜操作手順＞

（文字の入力）

①例題 2.7.4-2 で保存した「ハワイ研修旅行参加者リスト」を開きます。

②図 2-71 を参照して、セル D18、セル F18～F21 とセル G18 に文字を入力します。

（セルを参照するだけの数式の入力）

③セル B18 は、もともと入力されていた参加者リストに入力されたデータを引用します。

$$=B10$$

④セル C18 は、もともと入力されていた参加者リストに入力されたデータを引用します。

$$=G10$$

⑤セル B18 と C18 を同時にアクティブにして、フィル機能を利用して行 24 までコピーします。必要に応じてセル書式の変更や罫線を引いて表を整えてください。

（関数 MOD の入力）

⑥セル D19 には、学生 ID が奇数または偶数であるかによって A または B と表示します。まず学生 ID を 2 で割った余りを求め、余りが 1 ならば奇数、0 ならば偶数と考えます。その後、関数 IF を用いて A または B に置き換えます。この数式は、セル D24 までコピーします。

$$=IF(MOD(B19,2)=1,"A","B")$$

（関数 SUM と関数 SUMIFS の入力）

⑦セル G19 では、セル C19～C24 の金額のうち、「A」グループに該当する数値を合計します。関数 SUMIFS を利用して数式を作成しましょう。なお、この数式は、セル G20 に

もコピーすることを前提に作成してください。

$$=\text{SUMIFS(C\$19:C\$24,D\$19:D\$24,F19)}$$

⑧セル G19 の数式をセル G20 にコピーしましょう。

⑨セル G21 をアクティブセルにして、[ホーム]－[編集]－$\sum$（オート SUM）をクリックします。

$$=\text{SUM(G19:G20)}$$

⑩必要に応じてセル書式の変更や罫線を引いて表を整えてください。

（システムの動作確認）

⑪セル B11 に「1002」などのデータを入力して、このシステムが正しく動作することを確認しましょう。確認したら元の数値に戻しておきましょう。

（ブックの保存と終了）

⑫クイックアクセスツールバーの 🖫 （上書き保存）をクリックします。ファイル名「ハワイ研修旅行参加者リスト」に上書き保存されます。

Seminar 2.17　2.11 節のアドバンスト課題で、課題 2.11.1-7 を作成しましょう。

《Excel アドバンスト編》
| 2.7 便利な関数の応用 |
| 2.8 ワークシート操作 |
| 2.9 データベース機能 |

2.8 ワークシート操作

Excel では、ワークシートの名前を変更したり、見出しに色を付けたりすることができます。ワークシートの数を増減することや順番を変更することも容易にできます。また、大きなワークシートを操作する場合には、ウィンドウ枠を固定して作業することが可能です。そして、複数のワークシートを同時に開いて作業することも可能です。

2.8.1 シート見出しの変更とワークシートの挿入と削除

> X ワークシートの名前や位置、数を変更する方法を理解しましょう。

Excel では、1 つのブックに 1 つのワークシートが用意されています。このワークシートには「Sheet1」のようなシート見出しが付けられています。この名前を自由に変更したり、この見出しの色を変更したりすることができます。また、ワークシートの増減も自由です。これらの操作は、[ホーム]－[セル]－ (書式) のメニューの「シートの整理」(図 2－72) から行います。

(1)シート見出しの色

シート見出しの色を変更するには、[ホーム]－[セル]－ (書式) のメニューの「シート見出しの色」をクリックします。すると図 2－72 のように、色を選択できるメニューが表示されるので、マウスでクリックするだけです。各色の上にポインタを置くと、シート見出しの色がそれにつれて変化しますので、変更後のイメージを確認して色を選択することができます。

設定したシート見出しの色を元に戻したいときは、このメニューの「色なし」を選択してください。

(2)シート名の変更

シート名を変更するには、[ホーム]－[セル]－

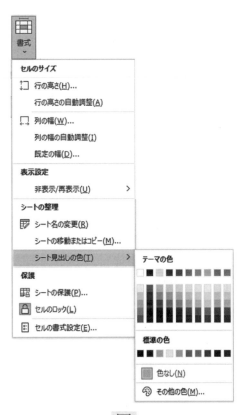

図 2－72 (書式) の
メニュー (シートの整理)

（書式）のメニューの「シート名の変更」をクリックします。すると、アクティブなシートの見出し部分でシート名が反転され、「シート名の変更モード」となり、新しい名前を入力することができます。文字の入力を終え、任意のセルをクリックすれば、「シート名の変更モード」は解除されます。

(3)ワークシートの挿入と削除

新しいワークシートを挿入するためには、[ホーム]−[セル]−（挿入）−（シートの挿入）を利用します（図2−73左）。（シートの挿入）をクリックすると、アクティブなシートの前に新しいワークシートが挿入されます。また、「シート見出し」と並んだ⊕（新しいシート）

図2−73　（挿入）−（シートの挿入）（左）と、（削除）−（シートの削除）（右）

ート）をクリックしても同様の操作が行えます。シート名は、「Sheet2」「Sheet3」… のように Excel が自動的に付けるので、必要ならば「シート名の変更」で任意の名前に変更しましょう。

ワークシートを削除するときは、[ホーム]−[セル]−（削除）−（シートの削除）を利用します（図2−73右）。（シートの削除）をクリックすると、アクティブなシートが削除されます。このとき、そのシートに入力されたものがある場合は、「⚠ このシートは完全に削除されます。続けますか？」と表示されます。[削除]をクリックするとワークシートは削除されますが、この作業は（元に戻す）では取り消せませんので注意してください。

(4)ワークシートの移動とコピー

ワークシートの順番を入れ替えるには、[ホーム]−[セル]−（書式）のメニューの「シートの移動またはコピー」をクリックします。すると、「シートの移動またはコピー」ダイアログボックス（図2−74）が表示されます。

このダイアログボックスの「挿入先」をマウスでクリックすると、そのワークシートの前にアク

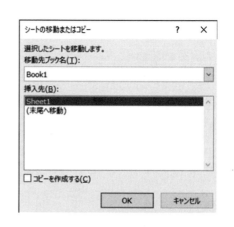

図2−74　「シートの移動またはコピー」ダイアログボックス

ティブなワークシートは移動します。このとき、「コピーを作成する」にチェックを付けて
「OK」ボタンをクリックすると、元のシート名に「(2)」のような数字が付いたシート名でコ
ピーが作成されます。

C*olumn* 2.9　マウスを使ったワークシートの移動

　シート見出しをマウスでドラッグするだけで、ワークシートの移動ができます。ドラッグすると黒い三角マークがシート名の間を移動します。ワークシートを移動したい位置にこのマークを置いてボタンを離すと、その位置にワークシートが移動します。

2.8.2　ウィンドウ

ワークシートの項目名を固定したり、複数のワークシートを操作する方法を理解しましょう。

　Excel では大きな表を操作すると
きや、複数のワークシートを切り替
えたり、同時に操作したりして作業
をすることができます。これらの機
能は、[表示]－[ウィンドウ]グルー
プ（図 2−75）で利用します。

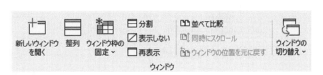

図 2−75　[表示]−[ウィンドウ]グループ

(1)ウィンドウ枠の固定

　ワークシートをスクロールするときに、見出しとなる項目名などはワークシート上に見え
ている方が便利な場合があります。このようなとき、ウィンドウ枠の固定が利用できます。
この機能は、[表示]－[ウィンドウ]－（ウィンドウ枠の固定）のメニュー（図 2−76）で
利用します。

　固定したいセルをアクティブセルに
しておいて、このメニューから「ウィ
ンドウ枠の固定」を選択すると、アク
ティブセルの左上を起点に縦横に実線
が引かれ、その部分はスクロールしな
くなります。先頭行だけを固定したい
ときは「先頭行の固定」、先頭列だけ
を固定したいときは「先頭列の固定」

図 2−76　（ウィンドウ枠の固定）のメニュー

が選択できます。このとき、アクティブセルがどこにあってもかまいません。

固定したウィンドウを解除するときは、同じメニューを表示すると1行目の「ウィンドウ枠の固定」が「ウィンドウ枠固定の解除」に変化していますので、それを選択します。

(2)複数のブックの切り替え

Excel では複数のブックを同時に開いて作業をすることができます。[ファイル]－[開く]をクリックして表示される「開く」Backstage ビューで、目的のブックを選択しては「開く」をクリックし、ひとつひとつ順番に開くことができます。また、複数のブックを Ctrl か Shift を押しながら選択し、一度に「開く」ボタンを押して開くこともできます。これらのファイルは重なって表示され、一方が隠れているときがあります。[表示]－[ウィンドウ]－ (ウィンドウの切り替え) のメニュー (図 2－77) から、ブックを選択することができます。また、タスクバー ((スタート) の右側に続く長いバー) にある (Excel アイコン) をクリックして切り替えることもできます。

図2－77 (ウィンドウの切り替え) のメニュー

【例題 2.8.2：ハワイ研修旅行参加者リスト⑥】

「ハワイ研修旅行参加者リスト」を開いてワークシートに名前を付け、コピーを作成し、図2－78を参考にデータを編集しましょう。

	A	B	C	D	E	F	G	H
1								
2		学生ID	氏名	ローマ字氏名	パスポート発行年月日	生年月日	参加費用	苗字数
3		1001	田中　大五郎	TANAKA DAIGORO	2009/8/17	1995/7/14	¥175,000	2
4		2549	阿谷田　司	AYATA TSUKASA	2014/10/12	1993/10/21	¥150,000	3
5		3135	森　五右衛門	MORI GOEMON	2010/1/8	1992/2/7	¥179,800	1
6		1901	光谷　晴孝	MITSUTANI HARUTAKA	2010/8/3	1990/8/4	¥234,000	2
7		3006	綾小路　光	AYANOKOJI HIKARI	2011/2/14	1993/2/28	¥642,580	3
8		1544	晴田森　洋司	HARUTAMORI YOJI	2005/7/10	1985/1/1	¥180,000	3
9								

参加者リスト　学生データ　⊕

図2－78　ハワイ研修旅行参加者リスト⑥の解答例

＜操作手順＞

(ワークシート操作)

①例題 2.7.6-2 で保存した「ハワイ研修旅行参加者リスト」を開きます。

② [ホーム]−[セル]−（書式）のメニューの「シート名の変更」をクリックします。そして、「参加者リスト」と入力します。

③[ホーム]−[セル]−（書式）のメニューの「シートの移動またはコピー」をクリックします。すると、「シートの移動またはコピー」ダイアログボックスが表示されます。

④このダイアログボックスで、「コピーを作成する」にチェックをして、「**OK**」ボタンをクリックします。「参加者リスト(2)」というワークシートが、「参加者リスト」の前（左）に作成されます。

⑤「参加者リスト(2)」のシート見出しをドラッグして、「参加者リスト」の次（右）に移動させます。そして、シート名を「学生データ」に変更します。

（ワークシートの編集）

⑥「学生データ」ワークシートがアクティブであることを確認して、行 1〜8 をアクティブにし、[ホーム]−[セル]−（削除）メニューで（シートの行を削除）をクリックします。

⑦同様に行 10〜16 を削除してください。

⑧（全セル選択ボタン）をクリックして全セルを選択し、A 列と B 列の間の境界線上でポインタがに変化する位置でダブルクリックしてすべての列の幅を最適化（2.3.2 項(3)参照）します。

（ブックの保存）

⑨クイックアクセスツールバーの（上書き保存）をクリックします。ファイル名「ハワイ研修旅行参加者リスト」に上書き保存されます。

Seminar 2.18　2.11 節のアドバンスト課題で、課題 2.11.2 を作成しましょう。

2.9 データベース機能

《Excel アドバンスト編》
2.7	便利な関数の応用
2.8	ワークシート操作
2.9	データベース機能

　Excel は表の形でデータを蓄えますが、その容量は非常に大きなものです。したがって、大量のデータをワークシート上に用意しておけば、データベースのようにその中から必要なデータだけを画面上に表示したり、データをある条件で並べ替えてみたりすることができます。また、クロス集計表を作成したり、ある条件に該当するセルを目立たせて全体の傾向を把握したりと、データの分析に用いることもできます。

2.9.1　データの並べ替え

X	データを並べ替える方法を理解しましょう。

　データを並べ替えるには、氏名の 50 音順とか番号の小さい順のように 1 つの項目をキーとして並べ替える場合と、低学年から学年ごとに並べた状態で各学年の学生を 50 音順に並べるといった複数の項目をキーにして並べ替える場合とがあります。Excel では、1 つのキー項目で並べ替える場合と複数のキー項目で並べ替える場合では、使用するメニューが異なります。

(1)1 つのキー項目による並べ替え

　1 つの項目をキーにしてデータを並べ替えるには、表の中の並べ替えたいデータの 1 つをアクティブセルにして、[ホーム]-[編集]- 🔤🔽 （並べ替えとフィルター）をクリックして表示されるメニュー（図 2-79）から 🔤↓ （昇順）または 🔤↓ （降順）をクリックします。数字の小さい順または文字のアルファベット順（50 音順）に並べる場合を「昇順」、その逆を「降順」と呼びます。

(2)複数のキー項目による並べ替え

　複数の項目をキーにしてデータを並べ替えるには、[ホーム]-[編集]- 🔤🔽 （並べ替えとフィルター）をクリックして表示されるメニュー（図 2-79）から 🔼🔽 （ユーザー設定の並べ替え）をクリックします。すると「並べ替え」ダイアログボックス（図 2-80）が表示されるので、キー項目、キーの種類、順序を入力します。➕ （レベルの追加）をクリックすると、「次に優先されるキー」が追加されます。∧ （上へ移動）または ∨ （下へ移動）をクリックして、キー項目の優先度を変更することも可能です。

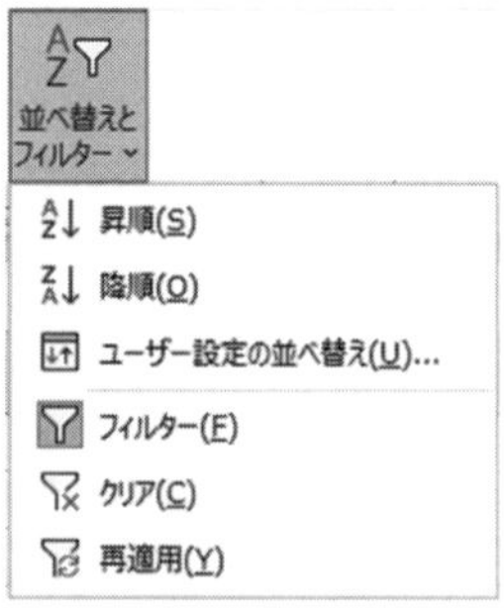

図 2-79 🔤🔽
（並べ替えとフィルター）
のメニュー

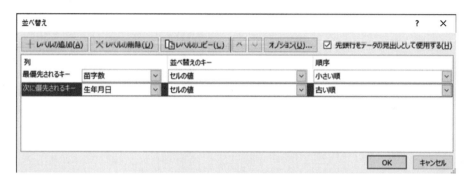

図2−80　「並べ替え」ダイアログボックス

2.9.2　フィルター

> Ｘ　データを抽出する方法を理解しましょう。

　Excel では、たくさんのデータから「平均点以上の人だけ」とか「60 点以上 70 点未満の人だけ」のように条件を付けて、該当するデータだけを表示することができます。これはフィルター機能と呼ばれています。フィルター機能を利用するには、表内の任意のセルをアクティブセルにしてから、[ホーム]−[編集]− ![AZ▽] （並べ替えとフィルター）をクリックして表示されるメニュー（図 2−79 参照）から ▽ （フィルター）をクリックします。すると、表の項目名の右に ▼ （フィルターの矢印）が表示されます。 ▼ （フィルターの矢印）をクリックして表示されるメニューでは、さまざまな抽出条件を設定することができます。

(1)条件と一致するデータの抽出

　データを抽出する場合には、そのキーとなる項目名の右にある ▼ （フィルターの矢印）をクリックします。そして表示されるメニューから、抽出したい項目値のみにチェックします。フィルターが有効になると、 ▼ （フィルターの矢印）は ▼┴ （フィルターボタン）に変化します。そして、改めてメニューを表示させると、フィルター条件を確認することができます。

　設定したフィルターを解除する場合は、 ▼┴ （フィルターボタン）メニューの ▽✕ （"項目名"からフィルターをクリア）をクリックします。すると、その項目で抽出されていた条件が解除され、 ▼┴ （フィルターボタン）が ▼ （フィルターの矢印）に戻ります。

(2)テキストフィルター・数値フィルターを使ったデータの抽出

　 ▼ （フィルターの矢印）のメニューでは、その項目値が文字列と判断されるときは「テキストフィルター」が、数値と判断されるときは「数値フィルター」が、日付と判断される

ときは「日付フィルター」が表示されます。それをクリックして表示されるメニューから目的の条件を選択することができます。数値フィルターの「トップテン」、「平均より上」、「平均より下」のメニュー以外にも、「ユーザー設定フィルター」をクリックしたときに表示される「オートフィルターオプション」ダイアログボックス（図 2−81 上）で条件を指定することができます。

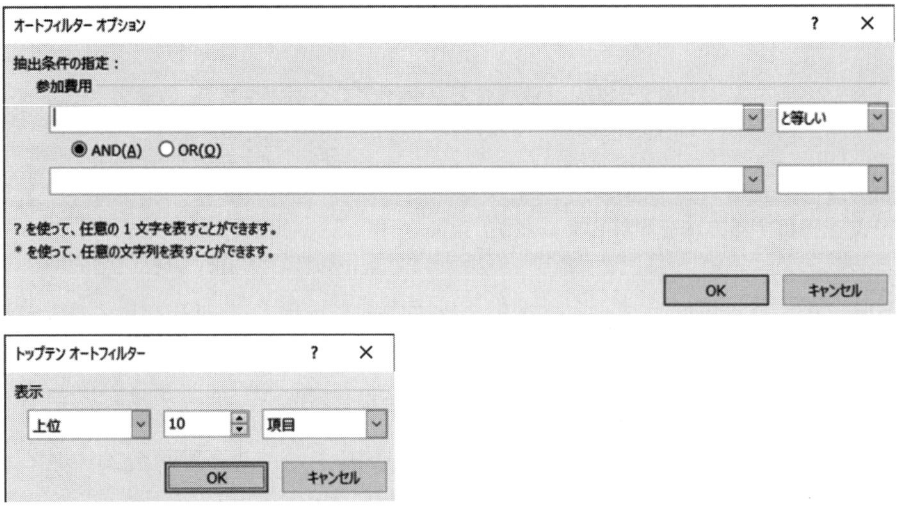

図2−81 「オートフィルターオプション」ダイアログボックス（上）と、
「トップテンオートフィルター」ダイアログボックス（下）

　「トップテン」を選択すると、「トップテンオートフィルター」ダイアログボックス（図 2−81 下）が表示されます。このダイアログボックスでは、「上位」からだけではなく「下位」からも抽出できますし、抽出するデータを項目数やパーセンテージで指定することもできます。

(3)フィルターの解除

　フィルター機能を解除するには、［ホーム］−［編集］−🔤 （並べ替えとフィルター）をクリックして表示されるメニュー（図2−79参照）から選択状態になっている ▽ （フィルター）をもう一度クリックします。すると、表に設定されていた ▼ （フィルターの矢印）はすべて削除され、フィルター機能が解除されます。

2.9.3 ピボットテーブル

ピボットテーブルでクロス集計をする方法を理解しましょう。

クロス集計表を簡単に作成する機能としてピボットテーブルがあります。項目名がアイコン化され、ドラッグ&ドロップするだけで集計表が作成できます。この集計表をピボットテーブルレポートと呼びます。この機能を利用するには、[挿入]−[テーブル]−▢（ピボットテーブル）をクリックします。すると「ピボットテーブルの作成」ダイアログボックス（図2−82）が表示され、テーブルのデータ範囲や、ピボットテーブルレポ

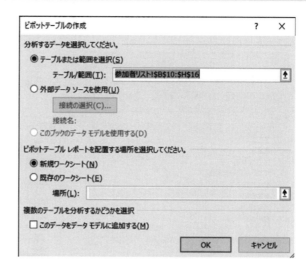

図2−82 「ピボットテーブルの作成」ダイアログボックス

ートを作成する場所を指定できます。「OK」ボタンをクリックすると、「ピボットテーブルツール」が表示された新規ワークシート（図2−83）が作成されます。

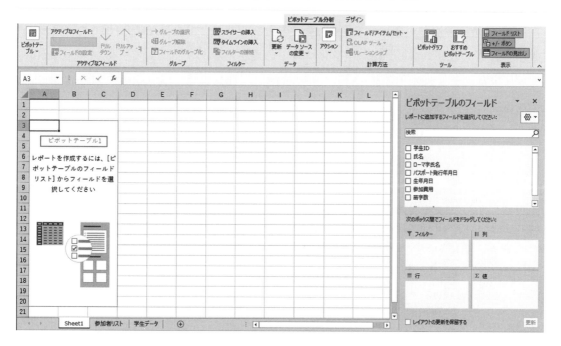

図2−83「ピボットテーブルツール」が表示されたワークシート

　このワークシートの右側にある「ピボットテーブルのフィールド」作業ウィンドウの項目名を■■■（行）や▮▮▮（列）にドラッグ&ドロップすると、その作業にともなってワークシート上のピボットテーブルレポートが作成されます。集計に使用する項目は「Σ値」にドラッグ&ドロップします（図2−84左）。

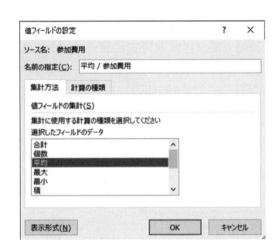

図2−84　項目をラベルにドラッグ（左）と、「値フィールドの設定」ダイアログボックス（右）

　「Σ値」の集計方法を、合計から平均に変更したいときは、「合計/参加費用」をクリックして表示されるメニューから■❶（値フィールドの設定）をクリックして「値フィールドの設定」ダイアログボックス（図2−84右）を表示し、「選択したフィールドのデータ」で「平均」を選択して「OK」ボタンをクリックするだけです。作成されたピボットテーブルは、通常のテーブルのように、テーブルスタイルやセル書式の設定が行えます（図2−85）。

	A	B	C	D	E	F
1						
2						
3	平均 / 参加費用	列ラベル ▾				
4	行ラベル ▾	1	2	3	総計	
5	1月			¥180,000	¥180,000	
6	2月	¥179,800		¥642,580	¥411,190	
7	7月		¥175,000		¥175,000	
8	8月		¥234,000		¥234,000	
9	10月			¥150,000	¥150,000	
10	総計	¥179,800	¥204,500	¥324,193	¥260,230	
11						

図2−85　ピボットテーブルレポートの例

【例題 2.9.3：ハワイ研修旅行参加者リスト⑦】

　　「ハワイ研修旅行参加者リスト」を開いて「学生データ」ワークシートで、図 2－
86 を参考に、学生 ID と苗字数のクロス集計表を作成し、平均参加費用を表示する
ピボットテーブルを作成します。完成したブックは、上書き保存しましょう。

	A	B	C	D	E	F	G	H
1								
2		学生 ID ↓	氏名 ▼	ローマ字氏名 ▼	パスポート発行年月日 ▼	生年月日 ▼	参加費用	苗字数
3		1001	田中　大五郎	TANAKA DAIGORO	2009/8/17	1995/7/14	¥175,000	2
6		2549	阿谷田　司	AYATA TSUKASA	2014/10/12	1993/10/21	¥150,000	3
7		3006	綾小路　光	AYANOKOJI HIKARI	2011/2/14	1993/2/28	¥642,580	3
8		3135	森　五右衛門	MORI GOEMON	2010/1/8	1992/2/7	¥179,800	1
9								
10		平均 / 参加費用	列ラベル ▼					
11		行ラベル ▼	1	2	3 総計			
12		1001		¥175,000	¥175,000			
13		1544			¥180,000 ¥180,000			
14		1901		¥234,000	¥234,000			
15		2549			¥150,000 ¥150,000			
16		3006			¥642,580 ¥642,580			
17		3135	¥179,800		¥179,800			
18		総計	¥179,800	¥204,500	¥324,193 ¥260,230			
19								

図 2－86　ハワイ研修旅行参加者リスト⑦解答例

＜操作手順＞

（並べ替えとフィルター）

①例題 2.8.2 で保存した「ハワイ研修旅行参加者リスト」を開いて、「学生データ」ワーク
シートを表示します。

②表の中の任意のセルをアクティブにして、[ホーム]－[編集]－ 🔽 （並べ替えとフィルタ
ー）をクリックして表示されるメニューから 🔽 （フィルター）をクリックします。

③「学生 ID」の 🔽 （フィルターの矢印）メニューから、 🔽 （昇順）をクリックします。
学生 ID の小さい順（昇順）に並び替わります。

④「生年月日」の 🔽 （フィルターの矢印）メニューの「日付フィルター」で、「指定の値
より後」を選択し「オートフィルターオプション」ダイアログボックスを表示します。
「抽出条件の指定」のテキストボックスに「1991/4/1」と入力し、「OK」ボタンをクリッ
クします。

（ピボットテーブル）

⑤[挿入]－[テーブル]－ 🔳 （ピボットテーブル）をクリックして表示される「ピボットテ
ーブルの作成」ダイアログボックスで、「ピボットテーブルレポートを配置する場所を

選択してください。」の「既存のワークシート」を選択し、「場所」テキストボックス内にカーソルを置いて、セル B10 をクリックして「OK」ボタンをクリックします。すると、「ピボットテーブルのフィールド」作業ウィンドウが表示されます。

⑥「ピボットテーブルのフィールド」作業ウィンドウの項目名リストから、「行ラベル」に「学生 ID」、「列ラベル」に「苗字数」、「Σ値」に「参加費用」をドラッグします。テーブルの下に、クロス集計表が作成され、参加費用の合計が表示されます。

⑦「Σ値」の「合計/参加費...」をクリックして表示されるメニューから、（値フィールドの設定）をクリックします。すると、「値フィールドの設定」ダイアログボックスが表示されます。

⑧そのダイアログボックスの「値フィールドの集計」で「平均」を選択して、「OK」ボタンをクリックしてください。クロス集計表の値が平均値に変わります。

⑨セル C12〜F18 をアクティブにして、[ホーム]−[数値]−（通貨表示形式）をクリックし、列 C〜F をアクティブにして、列幅を 18 文字にします。

⑩ピボットテーブルをアクティブにして[デザイン]−[ピボットテーブルスタイル]−（薄い緑、ピボットスタイル(淡色)21）をクリックします。

（データの保存）

⑪クイックアクセスツールバーの（上書き保存）をクリックします。ファイル名「ハワイ研修旅行参加者リスト」に上書き保存されます。

Seminar 2.19 2.11 節のアドバンスト課題で、課題 2.11.3 を作成しましょう。

− Excel アドバンスト編　終了 −

2.10 スタンダード課題

　本節では、基本的な Excel の知識と技術を使用して完成できる課題を提示しています。この課題に取り組んで、Excel スタンダード編レベルの理解度をチェックしてください。自信のない箇所は、本書の Excel スタンダード編を参照してください。

　ここで作成する課題は、ハワイを訪問する観光客データを用いてハワイ研修の企画会議資料を作成するというシナリオになっています。

2.10.1 表の作成に関する課題

> **X** ワークシートに文字や数字を正確に入力しましょう。

　表を作成するためには、まず、文字や数字を入力できる必要があります。ここでは、少し多めのデータを入力し、効率的な入力方法と、正確にデータを入力する練習をしましょう。

【課題 2.10.1-1：ハワイ観光実績①】

　新しいブックを開いて、図 2−87 を参考に数値と文字を入力しましょう。完成したら、ファイル名を「ハワイ観光実績」として保存しましょう（ヒント：例題 2.2.3 参照）。

	A	B	C	D	E
1					
2		ハワイ観光実績			
3		(単位:千人)			
4				4月	10月
5		米国	西部	2070	1926
6			東部	1213	1126
7		日本		512	571
8		カナダ		394	282

図 2−87　ハワイ観光実績①の解答例

【課題 2.10.1-2：ハワイ観光実績②】

　課題 2.10.1-1 で作成した「ハワイ観光実績」を開いて、「ハワイ年間観光客数」（図 2−88）を参考に、表（図 2−89）を作成しましょう。完成したら、「ハワイ観光実績」に上書き保存しましょう（ヒント：例題 2.2.4 参照）

国名	区分	1月	2月	3月	4月	5月	6月
米国	西部	2,120	1,893	1,937	2,070	2,111	2,593
	東部	1,695	1,470	1,333	1,213	1,312	1,655
日本		544	552	626	512	464	382
カナダ		643	561	565	394	186	150

国名	区分	7月	8月	9月	10月	11月	12月
米国	西部	2,707	2,545	1,773	1,926	1,970	2,383
	東部	1,640	1,296	1,078	1,126	994	1,459
日本		580	735	645	571	542	654
カナダ		212	210	156	282	379	658

図 2−88　ハワイ年間観光客数（単位：千人）

	A	B	C	D	E	F	G	H	I	J	K	L	M	N	O
1															
2		ハワイ観光実績													
3		(単位:千人)													
4				1月	2月	3月	4月	5月	6月	7月	8月	9月	10月	11月	12月
5		米国	西部	2120	1893	1937	2070	2111	2593	2707	2545	1773	1926	1970	2383
6			東部	1695	1470	1333	1213	1312	1655	1640	1296	1078	1126	994	1459
7		日本		544	552	626	512	464	382	580	735	645	571	542	654
8		カナダ		643	561	565	394	186	150	212	210	156	282	379	658

図 2−89   ハワイ観光実績②の解答例

留意事項

・セル D4 に入力した「1 月」は、セル O4 までフィル機能を利用してコピーします。

2.10.2   数式とセル書式に関する課題

> X | セルを参照した数式を作成し、セル書式を整えましょう。

　Excel で計算を行うには、数式を作成します。まずは、簡単なセル参照を用いた数式を作成しましょう。そして、フォントの大きさや配置、列や行の書式などを自由に設定できるようになりましょう。また、罫線を引いて表を美しく表示しましょう。

【課題 2.10.2-1：ハワイ観光実績③】

　　　課題 2.10.1-2 で作成した「ハワイ観光実績」を開いて、図 2−90 を参考にセル C9 に「合計」と入力し、セル D9 にセル参照（セル D5 や D6 など）を利用した数式を入力しましょう。完成したら、「ハワイ観光実績」に上書き保存しましょう（ヒント：例題 2.3.1 参照）。

	A	B	C	D	E	F	G	H	I	J	K	L	M	N	O
1															
2		ハワイ観光実績													
3		(単位:千人)													
4				1月	2月	3月	4月	5月	6月	7月	8月	9月	10月	11月	12月
5		米国	西部	2120	1893	1937	2070	2111	2593	2707	2545	1773	1926	1970	2383
6			東部	1695	1470	1333	1213	1312	1655	1640	1296	1078	1126	994	1459
7		日本		544	552	626	512	464	382	580	735	645	571	542	654
8		カナダ		643	561	565	394	186	150	212	210	156	282	379	658
9			合計	5002	4476	4461	4189	4073	4780	5139	4786	3652	3905	3885	5154

図 2−90   ハワイ観光実績③の解答例

留意事項

・セル D9 に入力した数式は、フィル機能を用いてセル O9 までコピーします。

【課題 2.10.2-2：ハワイ観光実績④】

課題 2.10.2-1 で作成した「ハワイ観光実績」を開いて、図 2−91 と留意事項を参考にセルの幅を変更します。完成したら、「ハワイ観光実績」に上書き保存しましょう（ヒント：例題 2.3.2 参照）。

	A	B	C	D	E	F	G	H	I	J	K	L	M	N	O	P	Q	R
1																		
2									ハワイ観光実績									
3																	(単位:千人)	
4				旅行代金	1月	2月	3月	4月	5月	6月	7月	8月	9月	10月	11月	12月		
5		米国	西部	127560	2120	1893	1937	2070	2111	2593	2707	2545	1773	1926	1970	2383		
6			東部	172570	1695	1470	1333	1213	1312	1655	1640	1296	1078	1126	994	1459		
7		日本		156350	544	552	626	512	464	382	580	735	645	571	542	654		
8		カナダ		181430	643	561	565	394	186	150	212	210	156	282	379	658		
9		合計			5002	4476	4461	4189	4073	4780	5139	4786	3652	3905	3885	5154		

図 2−91　ハワイ観光実績④の解答例

留意事項

・列 D を挿入し、セル D4 に「旅行代金」、セル D5〜D8 に「127560」「172570」「156350」「181430」を入力します。

・セル B2 は、セル R2 まで結合して中央揃えにします。

・セル B3 は、セル R3 まで結合して、文字を右に揃えます。

・セル B4 と C4、B5 と B6、B7 と C7、B8 と C8 を結合します。

・列 E〜P は、幅を「5.40」文字で列幅を揃えます。

【課題 2.10.2-3：ハワイ観光実績⑤】

課題 2.10.2-2 で作成した「ハワイ観光実績」を開いて、図 2−92 と留意事項を参考にセル書式を設定しましょう。完成したら、「ハワイ観光実績」に上書き保存しましょう（ヒント：例題 2.3.4 参照）。

	A	B	C	E	F	G	H	I	J	K	L	M	N	O	P	Q	R
1																	
2								**ハワイ観光実績**									
3																(単位:千人)	
4				1月	2月	3月	4月	5月	6月	7月	8月	9月	10月	11月	12月		
5		米国	西部	2,120	1,893	1,937	2,070	2,111	2,593	2,707	2,545	1,773	1,926	1,970	2,383		
6			東部	1,695	1,470	1,333	1,213	1,312	1,655	1,640	1,296	1,078	1,126	994	1,459		
7		日本		544	552	626	512	464	382	580	735	645	571	542	654		
8		カナダ		643	561	565	394	186	150	212	210	156	282	379	658		
9			合計	5,002	4,476	4,461	4,189	4,073	4,780	5,139	4,786	3,652	3,905	3,885	5,154		
10		累計	3-Jan														

図 2−92　ハワイ観光実績⑤の解答例

留意事項

・セル B2 は、フォントを「MS 明朝」14pt に設定し、太字と下線を付けます。

・セル E5〜P9 には **,**（桁区切りスタイル）を設定します。

・セル B10 に「集計」、セル C10 に「1/3」と入力します。「ホーム」−「数値」−「その他の表示形式」で表示される−「セルの書式設定」ダイアログボックスの「日付」で「3-Jan」となるようセル書式を変更します。

・セル C9 と B10 は、文字列を右に揃え、セル E4〜P4 は、文字を中央揃えにします。D 列を非表示にします。

【課題 2.10.2-4：ハワイ観光実績⑥】

課題 2.10.2-3 で作成した「ハワイ観光実績」を開いて、図 2−93 と留意事項を参考に罫線やセルの塗りつぶしをします。また、簡単な条件付き書式で、データバーを設定します。完成したら、「ハワイ観光実績」に上書き保存しましょう（ヒント：例題 2.3.6 参照）。

			1月	2月	3月	4月	5月	6月	7月	8月	9月	10月	11月	12月		(単位:千人)
ハワイ観光実績															
米国	西部		2,120	1,893	1,937	2,070	2,111	2,593	2,707	2,545	1,773	1,926	1,970	2,383		
	東部		1,695	1,470	1,333	1,213	1,312	1,655	1,640	1,296	1,078	1,126	994	1,459		
日本			544	552	626	512	464	382	580	735	645	571	542	654		
カナダ			643	561	565	394	186	150	212	210	156	282	379	658		
合計			5,002	4,476	4,461	4,189	4,073	4,780	5,139	4,786	3,652	3,905	3,885	5,154		
集計	3-Jan															

図 2−93　ハワイ観光実績⑥の解答例

留意事項

・セル E5〜P8 をアクティブセルにして、[ホーム]−[スタイル]−▦（条件付き書式）の▦（データバー）の▦（塗りつぶし（グラデーション）青のデータバー）で、セル内にデータバーを表示します。

・セル B4〜R4 には、[ホーム]−[フォント]−◇（塗りつぶしの色）で「ゴールド、アクセント 4、白+基本色 60%」を付けます。

・セル B4〜R9 に罫線（格子）を引きます。

2.10.3　関数と絶対参照に関する課題

> Ｘ　関数を利用した数式や、絶対参照を利用した数式を作成しましょう。

複雑な計算でも、簡単な書式で作成できるのが関数です。また、数式をコピーする場合に、セル参照がズレるのを防ぐために、絶対参照を利用します。関数と絶対参照をマスターすれば、さまざまな場面で応用できる数式を作成することができます。

【課題 2.10.3-1：ハワイ観光実績⑦】

課題 2.10.2-4 で作成した「ハワイ観光実績」を開いて、図 2−94 と留意事項を参考に関数で合計を求めます。完成したら、「ハワイ観光実績」に上書き保存しましょう（ヒント：例題 2.4.1 参照）。

			1月	2月	3月	4月	5月	6月	7月	8月	9月	10月	11月	12月	合計	
	米国	西部	2,120	1,893	1,937	2,070	2,111	2,593	2,707	2,545	1,773	1,926	1,970	2,383	¥26,028	
		東部	1,695	1,470	1,333	1,213	1,312	1,655	1,640	1,296	1,078	1,126	994	1,459	¥16,271	
	日本		544	552	626	512	464	382	580	735	645	571	542	654	¥6,807	
	カナダ		643	561	565	394	186	150	212	210	156	282	379	658	¥4,396	
		合計	5,002	4,476	4,461	4,189	4,073	4,780	5,139	4,786	3,652	3,905	3,885	5,154	¥53,502	
	集計	3-Jan														

図 2−94　ハワイ観光実績⑦の解答例

留意事項

・セル Q5 は、$\sum$（オート SUM）で合計を求めて、セル Q9 までフィル機能でコピーしています。このとき、合計する範囲に非表示の列 D が含まれてしまわないように注意します。「通貨表示形式」にします。

・セル Q4 に「合計」を入力し中央揃えします。

【課題 2.10.3-2：ハワイ観光実績⑧】

課題 2.10.3-1 で作成した「ハワイ観光実績」を開いて、図 2−95 と留意事項を参考に、合計欄の構成比率を求めるために絶対参照を利用した数式を作成します。完成したら「ハワイ観光実績」に上書き保存しましょう（ヒント：例題 2.4.2 参照）。

			1月	2月	3月	4月	5月	6月	7月	8月	9月	10月	11月	12月	合計	構成比率(%)
	米国	西部	2,120	1,893	1,937	2,070	2,111	2,593	2,707	2,545	1,773	1,926	1,970	2,383	¥26,028	48.6
		東部	1,695	1,470	1,333	1,213	1,312	1,655	1,640	1,296	1,078	1,126	994	1,459	¥16,271	30.4
	日本		544	552	626	512	464	382	580	735	645	571	542	654	¥6,807	12.7
	カナダ		643	561	565	394	186	150	212	210	156	282	379	658	¥4,396	8.2
		合計	5,002	4,476	4,461	4,189	4,073	4,780	5,139	4,786	3,652	3,905	3,885	5,154	¥53,502	100.0
	集計	3-Jan														

図 2−95　ハワイ観光実績⑧の解答例

留意事項

・「構成比率(%)」は、「構成」の後で改行し、中央揃えしています。

・セル R5 は、数字で表すと「26,028÷53,502×100」（構成要素が全体に占める割

合）となります。この数式をセル参照で作成し、セル R9 までコピーします。そのためセル参照がズレないように絶対参照（複合参照）を利用します。

・構成比率は、小数点第1位まで表示されるように書式設定します。

2.10.4　グラフに関する課題

> X | データをグラフで表現しましょう。

数値のデータをグラフで表現すると、データの特徴や傾向が一目でわかるようになります。

【課題 2.10.4：ハワイ観光実績⑨】

課題 2.10.3-2 で作成した「ハワイ観光実績」を開いて、図2−96と留意事項を参考に折れ線グラフを作成してください。完成したら「ハワイ観光実績」に上書き保存しましょう（ヒント：例題 2.5.5 参照）。

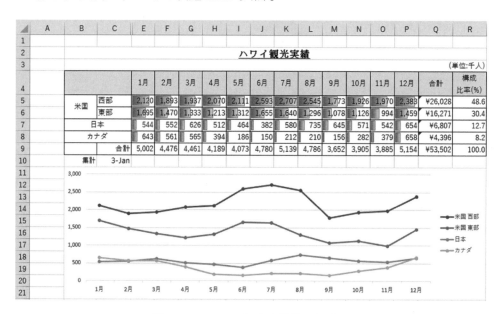

図2−96　ハワイ観光実績⑨の解答例

留意事項

・折れ線グラフは「マーカー付き折れ線」、クイックレイアウトの「レイアウト 12」を使用します。グラフに使用するデータはセル B4〜P8 です。

・グラフはセル B11〜R21 の範囲にきっちりと合わせます。

2.10.5　印刷に関する課題

> ⬛ 用紙設定や印刷範囲を調整して、バランスよく印刷しましょう。

　印刷では、用紙や印刷範囲の設定などさまざまな調整を行い、バランスよく印刷することが重要です。用紙から少しはみ出してしまったり、余白部分が大きくなりすぎたりしないように、印刷プレビューで十分に印刷結果を確認してから印刷しましょう。

【課題 2.10.5：ハワイ観光実績⑩】

　　課題 2.10.4 で作成した「ハワイ観光実績」を開いて、図 2−97 と留意事項を参考に表と折れ線グラフを 1 枚の用紙に印刷する設定をしてください。完成したら、「ハワイ観光実績」に上書き保存しましょう（ヒント：例題 2.6.4 参照）。

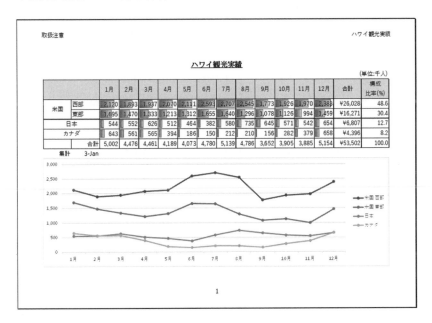

図 2−97　ハワイ観光客数⑩の解答例

留意事項

・ヘッダー左には「取扱注意」と入力、右には ⬛（ファイル名の挿入）をします。

・フッター中央には #（ページ番号）をします。

・セル B2〜R21 を印刷範囲に設定し、用紙の中央にバランスよく印刷される倍率に調整しています。

2.10.6　総合演習

> X　基本的なExcelの機能を利用して総合的な表計算システムを作成しましょう。

　現実的な場面でのExcelの活用を体験するために、基礎編の知識をフルに利用した資料作成に挑戦しましょう。

【課題 2.10.6：ハワイ研修企画会議資料】

　　　新しいブックを開いて、以下の指示に従って表やグラフを作成し、1枚の用紙に印刷できるように設定をしてください。完成したら、ファイル名を「ハワイ研修企画会議資料」として保存しましょう。

(1)状況設定

　あなたは、大学の国際交流センターの職員で、海外研修部門に属しています。上司から「ニーズに応えるハワイ研修を実施したい。そのため、第一段階として、ハワイ各島の昨年度の観光客数を表す資料を作成してほしい」との指示がありました。

　次のデータ（表2−6）を活用し、留意事項と上司の指示1〜3に従って資料を作成してください。

表2−6　島別観光客数と一人あたりの旅行代金

国名	オアフ島	マウイ島	カウアイ島	ハワイ島	旅行代金
米国西部	1,255	952	483	506	127.6
米国東部	961	584		353	
日本	1132	57	21	165	156.4
カナダ	169	172	45	67	181.4

人数の単位は千人、旅行代金の単位は千円

(2)留意事項

　表やグラフを作成する場合には、次の3点に留意してください。

・セル幅、罫線の種類、文字の大きさなどは特に指定しませんが、表やグラフは見やすく、体裁よく作成してください。金額や人数を表示するセルには、書式に桁区切りスタイルを使用してください。

・計算式や関数は指定しませんが、最も適当と考えられる方法で処理してください。

(3)上司の指示1

　上の資料でデータが入っていなかった米国東部のカウアイ島観光客は30万7000人で旅行代金は17万2600円でした。このデータを加えて次の表（図2−98）を完成させ、数値などがきちんと判別できる形で、見やすく体裁よく作成してください。

	A	B	C	D	E	F	G	H	I	J
1					昨年度　島別観光客数					
2			観光客数(千人)				合計	旅行代金 (千円)	総代金 (十億円)	
3			オアフ島	マウイ島	カウアイ島	ハワイ島				
4		米国西部	1,255	952	483	506	3,196	127.6	407.8	
5		米国東部	961	584	307	353	2,205	172.6	380.6	
6		日本	1,132	57	21	165	1,375	156.4	215.1	
7		カナダ	169	172	45	67	453	181.4	82.2	
8		合計	3,517	1,765	856	1,091	7,229	✕	1,086	
9		平均	879	441	214	273	1,807	159.5	271.4	
10										

図2-98　島別観光客数

(4)上司の指示2

　日本とカナダからのハワイ各島への観光客数を比較する棒グラフを、表の下に作成してください。グラフのタイトルは「日本とカナダの比較」とし、縦（値）軸には単位として「単位(千人)」を表示してください。そして、縦軸の最大値を「1,400」に設定してください。このグラフは、セルB11～E22にきっちりと収まるように作成します。

　同様に、米国西部と東部を比較する棒グラフを作成し、タイトルを「米国本土内の比較」としてください。このグラフは、セルF11～I22にきっちりと収まるように作成します。

(5)上司の指示3

　次の①～⑤の条件のもとで、米国西部から各島への観光客数についての円グラフをセルB23～E34にきっちりと収まるように作成してください。

　①グラフには島の名前および%が表示されるように設定してください。凡例は表示しません。

　②島の名前および%は可能な限りグラフの内部に置き、%は小数点第1位まで表示してください。

　③グラフには、仕上がりがよくなるように編集をしてください。

　④グラフタイトルは「米国西部」とし、グラフの上部の中央に表示してください。

　⑤同様に、日本に関するグラフをセルF23～I34にきっちりと収まるように作成してください。

(6)作成例

　作成した表やグラフは、配置、サイズなどのバランスを考え、印刷資料として使用できることを考慮して作成します。図2-99はその一例です。

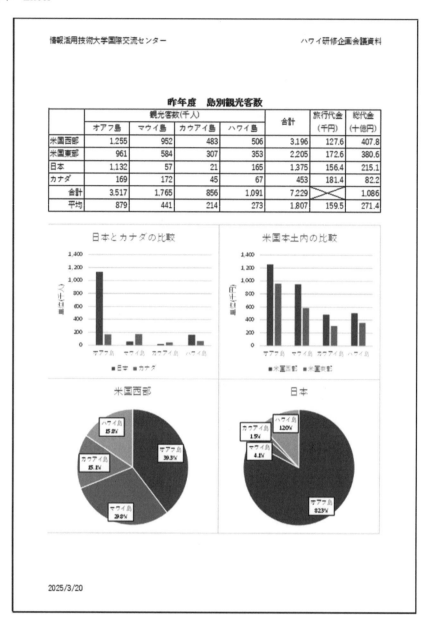

図 2 − 99 ハワイ研修企画会議資料の作成例

2.11 アドバンスト課題

　本節では、少し高度な Excel の知識と関数を応用して完成できる課題を提示しています。この課題に取り組んで、Excel アドバンスト編レベルの理解度をチェックしてください。自信のない箇所は、本書の Excel アドバンスト編を参照してください。

　ここで作成する課題は、2 つあります。1 つ目は、架空のアミューズメントセンターである「情報活用技術大学カラオケセンター」の入退室時刻から料金を計算し、会員ごとに集計して請求金額を求めるものです。2 つ目は、「デジタル抽選機」です。1〜6 の 2 つの数字の組み合わせで、表示される顔文字が変わります。これを、乱数を利用してゲーム性を高めるというシステムです。Excel を用いて、さまざまなシステムが作成できることを体験してください。

　この 2 つのシステムを作るうえで必要なポイントは、いかに効率よく数式を作っていくか、いかに汎用性を高めるか、シンプルに作れるかです。この視点はプログラミングでも大切なポイントです。後に他の人が改良しようとするときに分かりやすいシステムを作成しましょう。

　この練習によって、論理的な思考力も身につくようになります。

2.11.1 便利な関数の応用に関する課題

> X　少し高度な関数を利用したシステムを完成させましょう。

　まずはベースとなるシートを作成しましょう。文字入力や文字の配置、罫線など基本的な作業を正確にこなしていきましょう。

　そして、数式を作成していきます。日付や時刻を扱う関数や、検索や論理を扱う関数などを組み合わせていけば、かなり高度なシステムを作成することが可能です。少し難しい課題もありますが、パズルを解くようなつもりで、課題に取り組んでください。

　数式は、計算の基になる価格や時間などが後に変更されても対応できるように、汎用性を意識して作成しましょう。

　各課題には、留意事項も記述されています。作成上の注意点やヒントとして熟読し、各課題を完成させていきましょう。

【課題 2.11.1-1：情報活用技術大学カラオケセンター―①】

　新しいブックを開いて、図2−100と留意事項を参考に、主に日付を扱う関数の数式を作成しましょう。完成したら、ファイル名を「情報活用技術大学カラオケセンター」として保存しましょう（ヒント：例題2.7.1参照）。

留意事項

・解答例を見ながら文字や数値を正確に入力しましょう。たとえば、セル C4 には「9:00」、セル D5 には「15:00」のようにシリアル値の時刻表示でデータが入力されています。前後の文字が入力されているセルとは独立して入力されていることに注意しましょう。

・列 C・D・H はすべて 14.5 文字、列 B・E・F・G・I は 10 文字の列幅に設定します。

・セル F15 の数式は、セル G20 までコピーすることを前提に作成してください。

・セル D24 の数式は、セル D29 までコピーしてください。

	A	B	C	D	E	F	G	H	I
1									
2			情報活用技術大学カラオケセンター						
3			基本情報						
4		営業時間	9:00	から	20:00				
5		A時間帯	開室から	15:00	まで				
6		B時間帯	15:00	から閉室	まで				
7			A時間帯	フリータイム制					
8				500 円					
9		利用料金	B時間帯	ユニット制					
10			1ユニット＝	15 分間					
11				100 円					
12									
13		学生名簿		計算日(2月末日)		2015/2/28	2016/2/29		
14		学生No.	氏名	生年月日	苗字の数	年齢			
15		1	愛上夫	1992/4/3	1	22	23		
16		7	加木久家子	1945/10/9	2	69	70		
17		2	佐志素世祖	1996/2/28	2	19	20		
18		6	館伝人	1996/2/29	1	18	20		
19		10	永井九郎左衛門	1996/3/1	2	18	19		
20		99	和津狩真千	1900/1/1	3	115	116		
21									
22		学生No.	利用日	利用月					
23		入力値							
24		1	2015/1/2	1					
25		6	2015/2/3	2					
26		2	2015/1/4	1					
27		8	2015/2/5	2					
28		2	2015/2/6	2					
29		3	2015/1/7	1					
30									

図2−100　情報活用技術大学カラオケセンター―①の解答例

【課題 2.11.1-2：情報活用技術大学カラオケセンター②】

　　課題 2.11.1 1 で作成した「情報活用技術大学カラオケセンター」を開いて、図2－101 と留意事項を参考に、主に文字列操作関数の数式を作成しましょう。完成したら、上書き保存しましょう（ヒント：例題 2.7.2 参照）。

留意事項

・解答例では、紙面の都合上 1～11 行目を非表示にしていますが、実際には、非表示にする必要はありません。すべての行が表示されているものとして、前回の課題のファイルにデータを追加してください。

・セル H15 の数式は、セル H20 までコピーします。

・セル E24 の数式は、セル E29 までコピーします。

	A	B	C	D	E	F	G	H	I
12									
13		学生名簿		計算日(2月末日)		2015/2/28	2016/2/29	名前	
14		学生No.	氏名	生年月日	苗字の数	年齢		+さん	
15		1	愛上夫	1992/4/3	1	22	23	上夫さん	
16		7	加木久家子	1945/10/9	2	69	70	久家子さん	
17		2	佐志素世祖	1996/2/28	2	19	20	素世祖さん	
18		6	館伝人	1996/2/29	1	18	20	伝人さん	
19		10	永井九郎左衛門	1996/3/1	2	18	19	九郎左衛門さん	
20		99	和津狩真千	1900/1/1	3	115	116	真千さん	
21									
22		学生No.	利用日	利用月	曜日				
23		入力値							
24		1	2015/1/2	1	金曜日				
25		6	2015/2/3	2	火曜日				
26		2	2015/1/4	1	日曜日				
27		8	2015/2/5	2	木曜日				
28		2	2015/2/6	2	金曜日				
29		3	2015/1/7	1	水曜日				
30									

図2－101　情報活用技術大学カラオケセンター②の解答例

【課題 2.11.1-3：情報活用技術大学カラオケセンター③】

　　課題 2.11.1-2 で作成した「情報活用技術大学カラオケセンター」を開いて、図 2－102 と留意事項を参考に、主に検索関数の数式を作成しましょう。ここでは、セル B24 に入力された学生 No.をもとにセル B15～H20 を範囲として検索します。完成したら、「情報活用技術大学カラオケセンター」に上書き保存しましょう（ヒント：例題 2.7.3-1 参照）。

	A	B	C	D	E	F	G	H	I
12									
13		学生名簿		計算日(2月末日)		2015/2/28	2016/2/29	名前	
14		学生No.	氏名	生年月日	苗字の数	年齢		+さん	
15		1	愛上夫	1992/4/3	1	22	23	上夫さん	
16		7	加木久家子	1945/10/9	2	69	70	久家子さん	
17		2	佐志素世祖	1996/2/28	2	19	20	素世祖さん	
18		6	館伝人	1996/2/29	1	18	20	伝人さん	
19		10	永井九郎左衛門	1996/3/1	2	18	19	九郎左衛門さん	
20		99	和津狩真千	1900/1/1	3	115	116	真千さん	
21									
22		学生No.	利用日	利用月	曜日		名前		
23		入力値					+さん		
24		1	2015/1/2	1	金曜日		上夫さん		
25		6	2015/2/3	2	火曜日		伝人さん		
26		2	2015/1/4	1	日曜日		素世祖さん		
27		8	2015/2/5	2	木曜日		#N/A		
28		2	2015/2/6	2	金曜日		素世祖さん		
29		3	2015/1/7	1	水曜日		#N/A		
30									

図 2－102　情報活用技術大学カラオケセンター③の解答例

留意事項

・解答例では、紙面の都合上 1～11 行目を非表示にしています。実際には、すべての行が表示されているものとして、前回の課題のファイルにデータを追加してください。解答例と同様に行を非表示にする必要はありません。

・セル G24 の数式は、セル G29 までコピーします。このとき、「#N/A」とエラーメッセージが表示されるセルがありますが、これは会員番号 3 番や 8 番の人が存在しないため表示されているもので、このケースでは正しい結果を表示していると見なせます。

【課題 2.11.1-4：デジタル抽選機①】

　　新しいブックを開いて、図2−103と留意事項を参考に、上に行列を扱う関数の数式を作成しましょう。完成したら、ファイル名を「デジタル抽選機」として保存しましょう（ヒント：例題 2.7.3-2 参照）。

	A	B	C	D	E	F	G	H	I
1									
2					デジタル抽選機				
3									
4			1から6	抽選					
5		抽選1	5	結果		(..)φメモメモ			
6		抽選2	2						
7									
8			1	2	3	4	5	6	
9		1	(-_-)zzz	(+o+)	(^^) _旦~~	(*^^)v	(*^_^*)	(-。-)y-゜゜゜	
10		2	(-.-)	(*^。^*)	(‘_’)	(´u`)	(´v`)	(-_-)	
11		3	(*^_^*)	(@_@;)	(oｌo)	(-_-;)	(*_*;	(´◇`)	
12		4	(*_*)	(#^.^#)	(゛))<<	(-_-×)	(´ー`)	(=^・^=)	
13		5	(——)	(..)φメモメモ	(−−〆)	($・・)/~~~	(^)o(^)	(+_+)	
14		6	(●゜o゜●)	((+_+))	(;−_—)	(-"-)	!(^^)!	(V)o¥o(V)	
15									

図2−103　デジタル抽選機①の解答例

留意事項

・セル C9〜H14 の顔文字は、種類も順番も解答例と同じである必要はありません。

・セル E4 に関数 INDEX を使用した数式を作成します。セル E4 はセル H6 までセルを結合してあります。フォントサイズは 36pt です。

【課題 2.11.1-5：情報活用技術大学カラオケセンター④】

　　課題 2.11.1-3 で作成した「情報活用技術大学カラオケセンター」を開いて、図2−104 と留意事項を参考に、主に論理や時刻を扱う関数の数式を作成しましょう。完成したら、「情報活用技術大学カラオケセンター」に上書き保存しましょう（ヒント：例題 2.7.4-1、2.7.4-2 参照）。

	A	B	C	D	E	F	G	H
21								
22		学生No.	利用日	利用月	曜日	学生No.	名前	
23		入力値				修正後	＋さん	
24		1	2015/1/2	1	金曜日	1	上夫さん	
25		6	2015/2/3	2	火曜日	6	伝人さん	
26		2	2015/1/4	1	日曜日	2	素世祖さん	
27		8	2015/2/5	2	木曜日	99	真千さん	
28		2	2015/2/6	2	金曜日	2	素世祖さん	
29		3	2015/1/7	1	水曜日	99	真千さん	
30								
31		学生No.	入室時刻	退室時刻	利用時間(分)			
32		修正後			全時間帯	A時間帯	B時間帯	
33		1	9:30	20:00	630	330	300	
34		6	12:00	12:50	50	50	0	
35		2	16:57	17:06	9	0	9	
36		99	18:56	19:11	15	0	15	
37		2	10:10	12:30	140	140	0	
38		99	11:35	19:28	473	205	268	
39								

図2−104　情報活用技術大学カラオケセンター④の解答例

留意事項

・解答例では、紙面の都合上 1〜20 行目を非表示にしています。実際には、すべての行が表示されているものとして、前回の課題のファイルにデータを追加してください。解答例と同様に行を非表示にする必要はありません。

・セル F24 は、入力された学生番号が、学生名簿になかった場合に「99」を表示するように作成します。関数 VLOOKUP と関数 IFERROR の利用を検討してください。セル B15〜B20 で該当する学生 No.がなかった場合は、セル B20 に入力されている「99」を参照すると考えてください。セル F24 の数式は、セル F29 までコピーします。

・セル G24 は、検索値をセル F24 に変更することによって、セルの表示を「#N/A」からある会員名に振り替えています。セル G24 の数式は、セル G29 までコピーします。

・セル E33 は、退室時刻−入室時刻で求めたシリアル値から、分に換算した数値を求めます。関数 HOUR や関数 MINUTE を利用してください。セル E33 の数式は、セル E38 までコピーします。

- セル F33 は、A 時間帯だけに限って何分間使用したかを求めます。A 時間帯の考え方（図 2−105）を参考に、関数 IF を組み合わせて利用します。この図によると、①A 時間帯に入室し退室したパターン、②A 時間帯に入室したが退室は B 時間帯になったパターン、③B 時間帯に入室したためまったく A 時間帯にはいなかったパターンがあります。これから A 時間帯にいた時間は、①の場合は退室時刻から入室時刻を引いた時間、②の場合は A 時間帯終了時刻から入室時刻を引いた時間、③の場合は 0 となります。これらをネストした IF を利用して数式を作成してください。セル F33 の数式は、セル F38 までコピーします。
- セル G33 は引き算で求めます。セル G33 の数式は、セル G38 までコピーします。

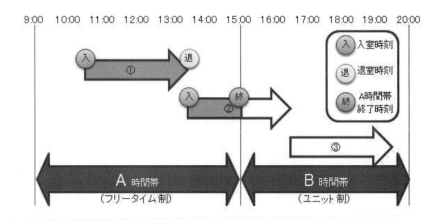

図 2−105　A 時間帯の考え方

【課題 2.11.1-6：デジタル抽選機②】

課題 2.11.1-4 で作成した「デジタル抽選機」を開いて、図 2−106 と留意事項を参

	A	B	C	D	E	F	G	H	I
1									
2					デジタル抽選機				
3									
4			1から6	抽選					
5		抽選1	6	結果	(V)o￥o(V)				
6		抽選2	6						
7									
8			1	2	3	4	5	6	
9		1	(-_-)zzz	(+o+)	(^^)_旦~~	(*^^)v	(*^_^*)	(-。-)y-゜゜゜	
10		2	(.-.-)	(*^。^*)	(_")	(´u｀)	(´ v｀)	(-_-)	
11		3	(*^_^*)	(@_@;)	(olo)	(-_-;)	(*_*;	(´◇｀)	
12		4	(*_*)	(#^.^#)	(´))<<	(-_-メ)	(´ー｀)	(=^・・^=)	
13		5	(――)	(..)φメモメモ	(――メ)	($・・)/~~~	(^)o(^)	(+_+)	
14		6	(●´o｀●)	((+_+))	(;―_―)	(-"-)	!(^^)!	(V)o￥o(V)	
15									

図 2−106　デジタル抽選機②の解答例

考に、主に数学関数の数式を作成しましょう。完成したら、「デジタル抽選機」に上書き保存しましょう（ヒント：例題 2.7.6-1 参照）。

留意事項

・セル C5 には、乱数で 1～6 の数値が表示されるように数式を作成します。セル C5 の数式は、セル C6 にコピーします。

・ F9 を長押しして、デジタル抽選機が正常に動作しているかを確認してください。

【課題 2.11.1-7：情報活用技術大学カラオケセンター⑤】

課題 2.11.1-5 で作成した「情報活用技術大学カラオケセンター」を開いて、図 2－107 と留意事項を参考に、主に数学関数の数式を作成しましょう。完成したら、「情報活用技術大学カラオケセンター」に上書き保存しましょう（ヒント：例題 2.7.6-2 参照）。

	A	B	C	D	E	F	G	H	I
30									
31		学生No.	入室時刻	退室時刻	利用時間(分)			ユニット数	料金
32		修正後			全時間帯	A時間帯	B時間帯		
33		1	9:30	20:00	630	330	300	20	¥2,500
34		6	12:00	12:50	50	50	0	0	¥500
35		2	16:57	17:06	9	0	9	1	¥100
36		99	18:56	19:11	15	0	15	1	¥100
37		2	10:10	12:30	140	140	0	0	¥500
38		99	11:35	19:28	473	205	268	18	¥2,300
39									
40		請求書	利用回数		請求額				
41		学生No.	1月	2月					
42		1	1	0	¥2,500				
43		7	0	0	¥0				
44		2	1	1	¥600				
45		6	0	1	¥500				
46		10	0	0	¥0				
47		99	1	1	¥2,400				

図 2－107　情報活用技術大学カラオケセンター⑤の解答例

留意事項

・解答例では、紙面の都合上 1～29 行目を非表示にしています。実際には、すべての行が表示されているものとして、前回の課題のファイルにデータを追加してください。解答例と同様に行を非表示にする必要はありません。

・セル H33 は、B 時間帯で利用した時間（分）を、基本情報に記述されている 1 ユニットの時間（分）で割って求めます。1ユニット分の時間を超過したら次のユニットに入ったと考えます。セル H33 の数式は、セル H38 までコピーします。

・セル C41 を入力するときは「1/31」と入力しましょう。すると Excel が日付と判

断して、「1 月 31 日」と表示します。そこで、[ホーム]－[数値]－ ユーザー定義 ▾

（ユーザー定義）のメニューで「その他の表示形式」を選択してください。すると「セルの書式設定」ダイアログボックスが表示され、「サンプル」が「1 月 31 日」で、「種類」が「m"月"d"日"」になっているのがわかります。この「種類」のテキストボックスをクリックしてカーソルを置き、「d"日"」を削除して、「m"月"」だけにしてください。「サンプル」では「1 月」となりました。「OK」ボタンをクリックしてください。セル C41 はセル D41 へコピーします。

・セル I33 は、A 時間帯の料金と B 時間帯の料金を 1 つの数式で足し算しています。A 時間帯の料金は、A 時間帯での利用があれば何時間使用しても一定金額（基本情報のセル D8 の金額）と考えます。B 時間帯の料金は、ユニット数×1 ユニットあたりの料金です。セル I33 の数式は、セル I38 までコピーします。

・セル B42 は、学生名簿の学生 No.を参照する数式を作成してください。この数式はセル B47 までコピーします。

・セル C42 は、月ごとに各学生が何回利用したかをカウントします。セル C42 の数式は、セル D47 までコピーします。セル C41 のシリアル値を利用することを検討してください。

・セル E42 は、学生 No.ごとに 2 ヵ月分の料金を合計し、請求額を求めます。関数 SUMIFS の利用を検討してください。セル E42 の数式は、セル E47 までコピーします。

2.11.2　ワークシート操作に関する課題

> **X**　ワークシートを自由に操作できるようになりましょう。

　ワークシートを自由に扱えるようになると、順番を変更したり、ワークシートを追加したりすることができます。また、ワークシート名を変更することで、データの管理も容易になります。

【課題 2.11.2：情報活用技術大学カラオケセンター⑥】

　　課題 2.11.1-7 で作成した「情報活用技術大学カラオケセンター」を開いて、図 2－108 と留意事項を参考に、ワークシートを追加し、表の一部をコピーしたワークシートを作成しましょう。完成したら、「情報活用技術大学カラオケセンター」に上書き保存しましょう（ヒント：例題 2.8.2 参照）。

	A	B	C	D	E	F	G	H
1								
2		学生No.	利用日	利用月	曜日	学生No.	名前+さん	
3		入力値				修正後		
4		1	2015/1/2	1	金曜日	1	上夫さん	
5		6	2015/2/3	2	火曜日	6	伝人さん	
6		2	2015/1/4	1	日曜日	2	素世祖さん	
7		8	2015/2/5	2	木曜日	99	真千さん	
8		2	2015/2/6	2	金曜日	2	素世祖さん	
9		3	2015/1/7	1	水曜日	99	真千さん	
10								

請求書　基本統計　⊕

図 2－108　情報活用技術大学カラオケセンター⑥の解答例

留意事項

・データの入ったワークシート（Sheet1）は「請求書」と名前を付けます。

・セル B22～G29 をコピーして、新たに作成したワークシートのセル B2 をアクティブにして貼り付けます。このとき、[ホーム]－[クリップボード]－ 📋（貼り付け）のメニューから 📋₁₂₃（値の貼り付け）を選びましょう。貼り付けた直後の表は罫線もなく、日付もシリアル値のまま表示されています。罫線を引いたり表示形式を変更したりして表を整えましょう。列幅は、すべて最適化（2.3.2 項(3)参照）してください。

・このワークシートは、「基本統計」と名前を付けます。

2.11.3　データベース機能に関する課題

　データを抽出したり、並び替えたりすることは、とても簡単にできます。ここでは、ピボットテーブルを利用した集計方法を練習しましょう。

【課題 2.11.3：情報活用技術大学カラオケセンター⑦】

　　課題 2.11.2 で作成した「情報活用技術大学カラオケセンター」を開いて、図 2−109 と留意事項を参考に、ピボットテーブルを作成し、クロス集計表を作成しましょう。完成したら、「情報活用技術大学カラオケセンター」に上書き保存しましょう（ヒント：例題 2.9.3 参照）。

	A	B	C	D	E	F	G	H	I
1									
2									
3	個数 / 学生No.	列ラベル ▼							
4	行ラベル ▼	1	2	総計					
5	上夫さん	1		1					
6	真千さん	1	1	2					
7	素世祖さん	1	1	2					
8	伝人さん		1	1					
9	総計	3	3	6					
10									
11									

請求書 ｜ 基本統計 ｜ 利用回数のクロス集計

図 2−109　情報活用技術大学カラオケセンター⑦の解答例

留意事項

・「基本統計」シートのテーブルを使って、ピボットテーブルを新規のワークシートに作成しましょう。

・「名前+さん」を「行ラベル」、「利用月」を「列ラベル」に入力します。利用回数を求めたいので、任意の項目（たとえば「学生 No.」）を「Σ値」に入力します。

・空白のセルが表示される場合があるので、ピボットテーブルの ▼ （手動フィルター）のメニューから「値フィルター」の「(空白)」のチェックをはずして表示されないように設定します。

・[デザイン]−[ピボットテーブルスタイル]− ▦ （薄い緑、ピボットスタイル(淡色)21）を適用してください。

・列 B〜D の幅を揃えたり、文字の配置等を整えたりします。

・新しく作成されたワークシートに「利用回数のクロス集計」と名前を付け、このシートが最後（一番右）になるようにワークシートの並び順を整えます。

― 　Excel ゼミナール編　終了　―

さくいん

記号・アルファベット

&	157
ABS	173
AND	166
AVERAGE	128
COUNT	170
COUNTA	170
COUNTIFS	170
DATE	152
DATEDIF	153
DAY	152
HOUR	153
IF	129, 165
IFERROR	166
IME	13
IME パッド	21
INDEX	163
LEFT	156
MAX	128
MID	156
MIN	128
MINUTE	153
MOD	175
MONTH	152
NOW	151
OR	166
RAND	172
RANDBETWEEN	172
RIGHT	156
ROUND	172
ROUNDDOWN	172
ROUNDUP	172
SECOND	153
SmartArt	79
SUM	128
SUMIFS	175
TEXT	157
TIME	153
TODAY	151
VLOOKUP	160
YEAR	152

あ

アクティブセル	99
網かけ	34
アンパサンド	157

印刷の向き	46, 146
印刷範囲	146
印刷プレビュー	49, 144
インデント	42
ウィンドウ枠の固定	181
上書き保存	10, 102
エラーチェック	133
円グラフ	140
オートコレクト機能	7
オートコンプリート	150
オートフィル	107
折れ線グラフ	140
オンライン画像の挿入	53

か

回転ハンドル	54
隠し文字	27
囲い文字	35
囲み線	35
箇条書き	74
下線	34
画像の挿入	79
関数	127
行の高さの変更	65, 112
均等割り付け	43, 117
クイックアクセスツールバー	4, 97
グラフの印刷	147
クリップボード	39
グループ化	57
罫線	69, 122
桁区切りスタイル	118
検索	40
検索／行列	160
合計	128

さ

最小値	128
最大値	128
再変換	18
シート見出し	99
シート見出しの色	179
シート名の変更	179
斜体	34
ジャンプ機能	101
条件付き書式	123
小数点以下の表示桁数	118
ショートカットキー	32

書式のコピー 39, 120
数学 172
数式 110
数式バー 97
数値フィルター 185
ズームバー 4, 49
スクロールバー 5
スクロールボックス 5
図形の順序 57
図形の挿入 55
スペルチェック 7
絶対参照 134
セル 98
セルアドレス 98
セル内 65
セル内の文字の配置 117
セルの結合 68, 113
セルの塗りつぶし 123
セルの分割 68
全セル選択ボタン 99
相対参照 133

た

タブ 43
段落罫線 77
段落番号 74
置換 41
中央揃え 32
通貨表示形式 118
データの並べ替え 184
データバー 124
テキストフィルター 185
テキストボックス 58
テンプレート 73
統計 170
トリミング 81

な

名前を付けて保存 9, 102

は

パーセントスタイル 118
背景の削除 81
引数 128
日付／時刻 151
日付形式 119
非表示 113
ピボットテーブル 187
表示モード 6
標準 119
表の作成 64

フィル機能 106
フォントサイズの変更 33, 116
フォントの色 34
フォントの色の変更 116
フォントの変更 33, 116
複合参照 134
複文節変換 24
ブックの切り替え 182
フッター 48, 144
太字 34
平均 128
ページ罫線 78
ページ番号 48
ヘッダー 48, 144
編集記号の表示 26
棒グラフ 138
ホームポジション 15

ま

右揃え 32
文字の移動 38
文字のコピー 39
文字の削除 38
文字列操作 156
文字列の折り返し 54, 71

や

余白 46

ら

ルーラー 41
ルビ 34
列の幅の変更 65, 112
論理 165

わ

ワークシート 98
ワークシートの移動とコピー 180
ワークシートの挿入と削除 180
ワードアート 59

著 者 紹 介

中谷　聡（なかや　さとる）
マス・コミュニケーション学
京都光華女子大学　講師
第 1 章

森際　孝司（もりぎわ　たかし）
情報教育・教育心理学
京都光華女子大学短期大学部　教授
第 2 章

2014 年 3 月 28 日	初　版　第 1 刷発行
2021 年 8 月 30 日	改訂版　第 1 刷発行

Word & Excel ミニマム エッセンス［改訂版］
考え抜く力を育む Word & Excel for Microsoft 365

編　者　　森際孝司
著　者　　森際孝司／中谷　聡
発行者　　橋本豪夫
発行所　　ムイスリ出版株式会社

〒169-0075
東京都新宿区高田馬場 4-2-9
Tel.(03)3362-9241(代表)　Fax.(03)3362-9145　振替 00110-2-102907

ISBN978-4-89641-306-9　C3055